国家重点研发计划项目（2018YFB0505500, 2018YFB0505504）资助
湖南省自然科学基金青年基金项目（2019JJ50177, 2018JJ3158）资助
湖南科技大学学术著作出版基金资助

融合LiDAR点云与影像数据的矿区建筑物提取研究

方 军 著

西安交通大学出版社
XI'AN JIAOTONG UNIVERSITY PRESS

国 家 一 级 出 版 社
全国百佳图书出版单位

图书在版编目(CIP)数据

融合 LiDAR 点云与影像数据的矿区建筑物提取研究/方军著. —西安：
西安交通大学出版社，2019.12(2020.7 重印)
ISBN 978-7-5693-1392-5

Ⅰ.①融…　Ⅱ.①方…　Ⅲ.①激光雷达-应用-矿区-建筑物-数据处理
Ⅳ.①TD221

中国版本图书馆 CIP 数据核字(2019)第 265244 号

书　　名	融合 LiDAR 点云与影像数据的矿区建筑物提取研究
著　者	方　军
责任编辑	郭鹏飞

出版发行	西安交通大学出版社
	(西安市兴庆南路 1 号　邮政编码 710048)
网　　址	http://www.xjtupress.com
电　　话	(029)82668357　82667874(营销中心)
	(029)82668315(总编办)
传　　真	(029)82668280
印　　刷	广东虎彩云印刷有限公司

开　　本	787 mm×1092 mm　1/16　印张 9.875　字数 252 千字
版次印次	2019 年 12 月第 1 版　2020 年 7 月第 2 次印刷
书　　号	ISBN 978-7-5693-1392-5
定　　价	128.00 元

读者购书、书店添货或发现印装质量问题，请与本社营销中心联系。
订购热线：(029)82665248　(029)82665249
投稿热线：(029)82668525
读者信箱：xjtu_rw@163.com

前　　言

随着遥感影像数据分辨率的不断提升,可以识别更小尺度的地物细节信息,而 LiDAR 探测技术能够获取高精度的三维空间信息,使遥感数据的精确监测能力进一步增强,矿区地表精细化三维监测和评估的需求也不断深入。在矿区三维建模和监测过程中,如何利用多源遥感数据,快速地识别并提取出精确的诸如建筑物等关键地物特征,是当前亟待解决的问题之一。

本书针对目前矿区建筑物信息提取过程中的关键问题,融合 LiDAR 数据与高分辨率遥感数据进行基于多源数据的建筑物轮廓提取相关的研究。分析了 LiDAR 数据在三维空间信息方面的特点与优势,并结合高分辨率遥感影像丰富的光谱和纹理信息,将两者的优势进行结合,弥补了各自的不足。首先概述了 LiDAR 系统的原理及其数据处理过程,对矿区复杂环境下 LiDAR 点云滤波难点进行分析,提出了一种改进的多特征滤波方法,并提出了一种高效的点云分割方法;进一步研究 LiDAR 点云数据和影像数据的特征选择与提取,用于矿区建筑物轮廓的精确提取过程中;最后对矿区建筑物轮廓的分层聚类方法进行研究。

全书围绕融合多源数据的矿区建筑物提取的相关技术问题,从融合多特征的 LiDAR 点云数据滤波与分类、融合 LiDAR 点云与影像数据特征的建筑物轮廓提取、基于视觉认知理论的矿区建筑物模型聚类概括方法三个方面开展了深入研究,提出了一系列的创新技术方法与优化改进策略,并实验证明了本书方法的可行性、精确性和高效性。本书的研究成果在一定程度上促进了 LiDAR 数据与影像数据的融合分类技术的发展,为矿区的三维虚拟展示及全方位监测分析提供强有力的技术支持。

第 1 章,绪论。阐述了论文的研究背景与意义,分析总结了 LiDAR 数据与影像数据建筑物提取与分类相关的国内外研究现状;提出了论文的主要研究内容,并对论文的章节安排和组织结构作了说明。

第 2 章,LiDAR 系统原理及其数据处理。介绍了机载 LiDAR 系统的基本原理,分析了 LiDAR 数据的特点及数据预处理的相关步骤,总结并分析了 LiDAR 数据与遥感影像配准的相关技术,为后续的研究提供了理论基础。

第 3 章，矿区复杂环境下点云滤波与分类。首先分析了 LiDAR 点云滤波的原理，总结并分析了现有常用滤波方法的优缺点和适用范围；针对矿区点云数据的特殊复杂情况，逐一分析了滤波的难点所在，提出了融合多特征的点云数据滤波方法，进一步研究了顾及几何特征的规则激光点云分割方法，并通过实验证明了该方法达到了满意的滤波和分割效果。

第 4 章，融合 LiDAR 点云与影像数据的建筑物轮廓提取。首先概括了现有 LiDAR 点云分类方法的不足之处，研究了 LiDAR 点云数据和影像数据基于点的组织方法和特征提取方法；提出了融合影像特征的 LiDAR 点云特征加权 SVM 分类方法，进一步提出了联合 LiDAR 点云与影像数据的建筑物轮廓提取方法，并通过实验验证了该方法能够提高建筑物轮廓提取的精度。

第 5 章，基于视觉认知的矿区建筑物轮廓的分层聚类。首先总结了现有建筑物模型聚类概括方法现状，提出一种基于视觉认知的矿区建筑物轮廓的分层聚类概括方法；并分为模型聚类、合并概括和分层次存储三个步骤分别进行了介绍；最后通过选取典型矿区进行测试实验和验证分析。

第 6 章，总结与展望。对全书研究内容进行总结，提出本书的主要创新点，并对下一步的研究进行了展望。

本书撰写过程中，得到了广州大学张新长教授、湖南科技大学地理空间信息技术国家地方联合工程实验室李朝奎教授和武汉大学遥感信息工程学院孟令奎教授的指导和帮助，为本书的内容提供了宝贵的修改建议。另外，本书的完成也得到了吴柏燕、廖孟光、陈爱民、卜璞、李慧婷、张强等人的支持和帮助，在此表达谢意。

本书可以作为测绘工程、地理信息科学、遥感科学与技术、地理空间信息工程等相关专业的本科生和研究生的课程教学参考教材，也可作为从事地理信息系统、智慧城市、自然资源规划等相关领域技术人员的学习参考资料。

由于作者的学识和经验有限，书中难免存在不妥之处，敬请读者提出宝贵意见。

作　者

2019 年 4 月于潇湘

目　　录

第 1 章　绪　论

1.1　研究背景与意义

随着矿产资源开采的进行,伴随着对矿区周边的环境、生态、地形、地貌、土地等景观格局的破坏,为了进一步监测和评估矿区地表地物的变化情况,通常需要借助观测和测量的手段,采集矿区地表覆盖信息,监测变化趋势。传统的测量手段由于耗费的人力和时间成本较高,且矿区地形复杂,不利于现场作业;卫星遥感技术在矿区观测中应用越来越多,而航空遥感提供了更为灵活机动的观测手段。防止矿区地表建筑物受到采矿工程的影响而变形损坏是矿区开采防护的重点内容之一,矿区建筑物的精确提取是监测建筑物变化的首要任务,高分辨率卫星遥感、航空测量及激光扫描测量(Light Detection And Ranging,简称 LiDAR)等观测技术手段为矿区建筑物的精细化变形监测打开了新局面。

随着航天宇航技术、遥感平台及传感器、实时通信、信息接收及信息处理等相关技术的发展与成熟,现阶段通过遥感对地观测技术获取地球数据的能力大幅增长,利用"地-空-天"立体遥感观测平台中多种类型的传感器,能够获取的遥感数据的时间分辨率、光谱分辨率和空间分辨率覆盖范围越来越全面。商业卫星遥感影像的光谱分辨率经历了单波段(全色)—多光谱—高光谱的发展趋势,Landsat 影像 30 m、SPOT 影像 10 m 的空间分辨率已经免费获取,亚米级的(IKONOS 影像 1 m、QuickBird 影像 0.61 m、GeoEye 影像 0.41 m,以及更高的 Worldview-3/4 影像 0.31 m)遥感影像应用需求越来越大(Jensen,2007)。近年来,随着我国高分辨率对地观测系统重大专项(简称"高分专项")的启动实施,现已发射成功了 8 颗卫星在轨运行,"北京二号""吉林一号""高景一号""珠海一号"等一系列国产高分辨率商业卫星陆续升空,并不断扩大组网,形成连续观测星座,可以预见在今后几年,国产高分辨率影像数据的需求及应用产品将越来越多。

卫星遥感数据的应用产品的形态也逐步多样化和精细化。中低分辨率的遥感数据可用作宏观尺度的遥感底图,只能粗略地识别和区分大面积的地物类型和轮廓;高分辨率遥感影像的光谱和纹理信息更丰富,可以满足精细尺度的自然资源调查和地理国情监测的需求,立体测图技术的进步,提高了遥感影像大比例尺测图和数字高程模型生产的精度和效率。遥感影像数据现已广泛地应用于矿区生态环境防护、土地利用调查、地表地物变形监测、数字矿山三维建模等多个领域。在卫星遥感数据应用过程中,首先要面临的关键问题是如何从多源遥感数据中快速精确地提取用户关注的地物信息并快速得出可靠行业分析和处理结果。常见的遥感影像分类解译方法可分为监督分类和非监督分类两种,但这种基于像素分析的计算机自动分类解译方法是计算机图像工程中初期发展起来的通用方法,随着遥感技术的发展和进步,基于像素的分类方法已经无法很好地适用于高分辨率遥感影像的分类。随着遥感影像空间分辨率的不断提高,单个像素代表的实地范围越来越小,已经不能覆盖现实世界中地物的空间范围,就需要联合多个像素进行地物识别。对于高分辨率遥感影像,基于像素的图像分类方法忽略了像素之间的拓扑关系,对影像的纹理特征、形状特征及拓扑关联特征的利用不足,在分类过程中,对影像的光谱信息依赖过大,导致分类结果精度不高。虽然有学者提出了改进的多分类器方法、亚像元分析、超像素分析等方法,对分类结果的精度有所改善,但从整体效果上看,仍然存在较为严重的"椒盐效应"(Salt-and-Pepper Effect)(Lu 和 Weng,2007)。在实际应用生产中,多采用基于遥感影像自动分类的结果以进一步增加人工判读和编辑的方法,来获取满足用户生产精度的地物分类提取结果,这种方法虽然精度高,但需要投入更多的时间和人力成本,遥感数据生产的周期长,无法满足大数据量的快速信息提取和更新的要求。目前,遥感对地观测的数据获取手段和技术已经得到了快速发展,制约遥感数据应用,特别是高分辨率遥感数据应用于生产的关键问题是"海量遥感数据快速处理技术"。基本遥感底图数据已经非常丰富,在部门和行业实际应用中,对高时效的遥感地物信息的需求越来越大,推动着更高效、更精确、自动化的遥感影像数据处理和地物分类提取方法的发展。因此,现阶段遥感信息处理与应用领域的热点聚焦于更高效、准确、智能的遥感影像地物快速提取方法的研究。

面向对象图像分析方法(Object-based Image Analysis,OBIA)为基于高分辨率遥感影像的地物信息提取提供了新的思路和解决方向。OBIA 方法基于先分割后分类的思想,首先利用图像分割算法对遥感影像进行自动分割,得到一系列内部属性同质的区域,称为影像对象,接下来以图像对象为目标进行进一步的分类识别。在面向对象分类过程中,地物分类识别的对象不再是单个像素,而是同质像素的集合组成的影像对象(Benz et al,2004a)。基于影像对象的分类判据除了像素的光谱信息之外,还可以充分利用影像对象的形状特征、长宽尺寸、属性特征以及对象间的拓扑关系等,这些特征无法被用于基于像素的传统分类方法中。已有研究表面,对于同样的高分辨率遥感影像数据,面向对象分类方法的分类精度明显高于传统分类方法(Gao et al,2006)。OBIA 方法在进行第一步图像分割的时候,有一个关键的参数就是图像分割尺度,该参数决定了分割得到的影像对象是否符合地理信息系统中地物抽象表达的尺度。近几年,遥感信息提取和地理信息系统领域都将 OBIA 作为热门研究方向之一,并且已经在同一尺度上建立了地理信息提取与表达无缝链接的处理流程,OBIA 作为两个研究领域的纽带,正在交叉融合出更为深远的应用前景(Blaschke et al,2008)。在学科发展的角度,遥感科学和地理信息科学的现代化发展中,OBIA 方法同时渗入到两个学科体系中,成为当前较为热门的研究方向(Blaschke,2010)。

LiDAR 技术是最近十多年快速发展起来的一门新兴遥感技术,与传统遥感探测技术相比具有可以精确、快速、直接获取三维信息的优势,得到了广泛的关注与应用(龚健雅,2007)。计算机技术、激光测距技术、高精度动态载体姿态测量技术(INS)和高精度动态 GNSS 差分定位技术的集成发展,促进了 LiDAR 技术的成熟应用,为快速高效地获取测区的三维信息提供了全新的技术手段。LiDAR 作为一种新兴的空间目标探测技术,在地物三维坐标信息的实时获取方面具有明显优势,具有主动发射、快速扫描、实时接收数据的特点,可直接获得探测范围内地表及地物的密集三维坐标点。LiDAR 技术凭借无可比拟的优势,已经在各行各业中迅速地推广应用,典型的应用领域包括:城乡规划、环境保护、国土资源调查、林业调查、地形测绘、城市管理与安防、公共安全、隧道施工、不动产登记、交通基础设施检测、地质灾害防治等。然而,新装备和新技术的发展不仅使得摄影测量系统的数据获取能力得到空前提升,也给海量数据处理和信息提取带来了严峻的考验。机载 LiDAR 系统在获取地物表面密集点云的三维坐标信息方面优势明显,但对于地物的表面纹理及空间结构等语义信息的获取不足(Baltsavias,1999)。高分辨率遥感影像则可以提供地物顶部丰富的空间信息与纹理特征等语义信息,但对于地物侧面遮挡部分及阴影部分的信息无法获取。机载激光雷达测量获取的是位于目标表面不规则离散点的空间信息,如何充分、有效地从原始 LiDAR 数据和高分辨率影像数据中提取特征用于信息的自动提取和地物分类,是目前研究工作的关键问题。针对不同数据源的优缺点,将多源数据进行融合以弥补各单一数据源的局限性是今后研究的重要方向(Dowman,2004;Schwalbe et al,2005;Sohn 和 Dowman,2007)。

随着遥感技术和 LiDAR 技术在矿区监测方面应用的不断发展,利用 LiDAR 点云数据可以高效快速地构建大范围的矿区地表三维模型(Rottensteiner 和 Briese,2002)。然而,这种批量建模方式构建的三维场景较为粗略,不能精确展现建筑物模型的边缘细节(Lim et al,2003)。矿区建筑物的变形包括沉陷、倾斜、水平移动、拉伸、压缩形变等,均需要检测出精细的建筑物边缘信息用于监测对比。受机载 LiDAR 数据采集过程中点云密度的限制,仅仅通过机载 LiDAR 点云数据进行建筑物阶跃边缘的检测,会造成细节上的缺失和精度上的损失,只有通过提高点云的密度或者加入其他辅助数据,来提高建筑物轮廓的精细度(Baltsavias,1999;Lohani,2009)。

融合多源数据,利用多元特征组成复合判断条件进行建筑物提取,是目前提高建筑物提取精度较为有效的解决方案之一。商业上成熟的机载 LiDAR 系统采集点云同时也同步采集高分辨率影像,影像与点云数据的配准算法也趋于成熟,使得遥感影像与点云数据可以快速地进行精确配准(马洪超等,2012;张良等,2014),为联合影像数据与 LiDAR 点云提取建筑物奠定了基础。在矿区复杂环境下,融合机载 LiDAR 与影像数据的矿区建筑物提取,较传统方法在建筑物边缘信息获取的精确性和完整性上具有明显的优势。综上所述,针对矿区复杂场景中建筑物变形监测的需求,深入研究如何切实有效地融合 LiDAR 点云数据与影像数据,提取精确、完整、细致的建筑物顶部外轮廓线,具有重要的研究价值和意义。

1.2　国内外研究现状

1.2.1　LiDAR 点云数据滤波及分类技术研究现状

激光测距技术最早由美国国家航空航天局研发出来,随后基于全球卫星定位系统(GPS)和惯性导航系统(IMU)的机载即时定位定姿技术(Position and Orientation System,POS)逐步成熟,是高精度机载 LiDAR 系统的技术前提。1988—1993 年德国斯图加特大学的研究团队将激光扫描系统与 POS 系统集成于飞行平台上,出现了全球首台实用化的机载 LiDAR 系统(Ackermann,1999)。随着技术进步和需求的推动,同平台搭载图像传感器(包括普通相机或多光谱相机)的机载 LiDAR 系统相继出现,之后其硬件和性能也不断升级完善,发展为现阶段一系列的商业化 LiDAR 系统。如今,LiDAR 系统已具备快速灵活的对地观测的能力,并广泛应用于国土测绘、工程勘测、林业调查、应急安防等领域。

国内 LiDAR 技术的相关研究起步晚于国外,也取得了相应的技术突破。比如,中国科学院遥感应用研究所、中国科学院上海技术物理所等科研院所的专家组建了国内首个激光探测理论与技术的研究组。1996 年,以李树楷研究员为组长的团队成功研制了国内首套机载激光测距成像系统的原型样机,该系统的成功研制突破了当时国外机载 LiDAR 系统技术上的限制,填补了该领域的国内空白,系统基于共用的光学成像系统集成了激光扫描仪和多光谱扫描成像仪,可直接同步获取激光扫描数据和标准编码格式的光谱影像,并且在北京市的部分地区实验进行测绘数据采集和生产的应用(李树楷和薛永祺,2010)。

机载 LiDAR 点云数据处理过程中,LiDAR 点云数据的滤波是关键的一个步骤,目前有相当一部分研究都是关于 LiDAR 点云数据的滤波,也就是从激光扫描的点云中,分离出树和房子等非地面点,从而得到数字高程模型 DEM。滤波是对 LiDAR 数据中的距离信息进行处理,即利用某种算法将 LiDAR 数据点分割为地面点数据和地物数据(植被、建筑物),然后针对不同用途利用地面点云数据构建 DEM。国内外学者已经发表的论文中已出现了多种 LiDAR 点云数据滤波算法,这些滤波算法各具特色,在各自指定的实验数据范围内进行了实验分析,取得了不错的滤波效果。但在实际生产应用中,由于现实环境的复杂性、地形起伏多变及植被覆盖遮挡等不确定因素,目前还没有一种普适性很强的通用滤波算法满足于高精度 DEM 生产的需求。概括来讲,常见的 LiDAR 点云数据滤波算法包括基于数学形态学的滤波方法、最小二乘线性内插滤波方法、三角网加密滤波方法、基于区域分割的滤波方法,以及基于坡度的滤波方法等。

德国斯图加特大学的 Lindenberger(1993)最早提出利用数学形态学的思想对机载激光雷达数据进行滤波,将数学形态学中的开运算与闭运算的思想引入到滤波过程中,以此滤除高程大于地面点的高大植被、建筑物、构筑物等地物。该方法滤波过程中,运算窗口的大小的选取较为困难,往往通过穷举实验反复对比,才能得到合适的参数。

奥地利的 Kraus 和 Pfeifer(2001)提出了基于迭代线性最小二乘内插的滤波算法。该算法的出发点是利用地物点与地面点在高程上差异突变的特点,且与地面点拟合残差相比,地物点的高程拟合残差不服从于正态分布,正值方向偏移较大。该算法的大致步骤为:首先,基于所有点云等权拟合得到最底层平面;然后根据每个点的拟合残差值赋予每个点一个新的权值,然后根据新权值拟合新的平面,进行迭代循环,最终得到最逼近真实地面的点云。刘经南等(2002)针对以上内插迭代滤波算法的不足,提出了改进的分层迭代滤波方法,利用逐步分割划块的方式进行分层,加入多次回波信息,提高了最终滤波结果的准确度。

Axelsson(1999)提出的三角网渐进加密滤波方法是业界应用较多的滤波方法之一,其核心思路是首先识别出小部分的初始地面点,然后以初始点为基础逐步识别出新的满足要求的地面点,反复迭代这个过程,直至所有的地面点都已识别。该方法的滤波过程实质上是逐步加密不规则三角网的过程,该方法对不连续的地形特征能够较好地保留。为了减少异常粗差点的干扰,需要原始点云进行异常高程的粗差点剔除。Sohn 和 Dowman(2002)提出了改进的渐进加密滤波方法,不规则三角网加密过程区分为向下加密和向上加密两个步骤,向下加密用于获得初始地面的点,向上加密用于对向下加密获得的地面点初始三角网进行求精,最终得到的不规则三角网即为裸露地面点的描述。

Sithole(2005)提出的基于剖面线的 LiDAR 点云分割方法是基于区域分割的滤波算法的典型代表。该方法首先以邻域内点的高度、梯度等属性特征为判据,利用聚类分析、区域生长等方法实现点云数据的分割;然后根据分割后的点集之间的上下文关系来判断点集的类别,该类方法具有更好的鲁棒性。

基于坡度的 LiDAR 数据滤波方法最初是由 Vosselman(2000)提出的,Vosselman 先给定一个阈值,区域内的坡度小于或等于此阈值的点为地面点,大于此阈值的点为非地面点。因此,该方法在地形较缓和区域滤波效果较好,遇到陡坡或者陡崖地形时效果差。针对这个缺陷,有学者尝试给出可以随地形变化而改变的坡度阈值,例如,Sithole(2001)引入一个随着地形坡度的变化而改变的锥形局部算子,Roggero(2002)采用局部线性回归方法来估算局部邻域内的坡度,从而改进了算法在地形起伏较大区域的适用性。

目前较为先进的机载激光雷达系统除了采集高精度三维点云数据外,还可采集激光脉冲的多重回波数据和回波强度数据。由于激光束具有很强的穿透性,利用多重回波数据可以很好地区分建筑物边缘和植被点云;回波强度数据经过处理和校正后,则可以区分出不同反射特性的地物目标点云,两种结合可辅助提高点云数据滤波的精度。此外,也可结合同机采集的影像的光谱信息和已有地物矢量图层数据参与滤波过程(赖旭东,2006)。

由此可见,虽然已有很多学者在机载 LiDAR 数据滤波方面做了广泛而深入地研究,但这些滤波算法在实际生产中适用性不高。例如,有些算法通常强调高程低的为地面点,高程较高的则判定为非地面点,但复杂的现实环境中,并非如此。因此,更加稳健、适用于复杂环境的滤波方法仍然是该领域值得研究的方向。

　　LiDAR 点云数据滤波处理,达到了分离地面点和非地面点的目的,无法满足地物点云的进一步细分和提取特定目标(如建筑物、单个树木、道路、立交桥等)的需求。由于三维空间的激光点云继续分类的难度较大,可将离散的激光点云内插为距离影像,借鉴图像处理的经典算法对距离影像进行分割,从而进一步提取目标区域,此过程称为点云分割。具体来讲,点云分割是指采用图像分割算法对 LiDAR 点云的距离影像或强度影像进行处理,得到若干个区域,每一个区域在几何性质、反射系数、纹理结构上具有相似性。而点云分类是指针对离散的三维点云数据进行处理,判别出每个激光点所属的类别属性(张小红,2007)。

　　LiDAR 数据区别于其他数据的关键是三维坐标信息,即可通过激光点的高程坐标来反映地物表面的高程信息,结合地物表面连续性特征,地物表面不同部位高程变化构成的高程起伏特征,借鉴图形图像学中的纹理概念,这里可称为高程纹理。高程纹理是区分和判别地物的重要特征,利用纹理分析手段,局部高程纹理能反映出地物独有的特征信息,从而可以实现地物的精细分类。Elberink 和 Maas(2000)将 LiDAR 数据高程纹理的各向异性等特征用于 LiDAR 点云数据的分割,可以识别出基础设施、建筑物、林地以及农业用地等类别,但在建筑物和树木临近且相互遮挡情况下,基于高程纹理的分类方法效果不佳。

　　越来越多的 LiDAR 系统采集测区的三维激光点云的同时还记录了激光回波信号的强度信息和回波次数信息。激光信号在同一地物表面反射特性相同,返回的回波信号强度也基本相同,且不同性质的地物表面回波强度信息的差异明显,根据这一反射原理,回波强度数据可用于地物类别的判定。实际应用中,回波强度数据容易受到干扰,导致数据质量不高,且激光回波的强度不仅与反射介质的特性有关,还与激光的入射角度等因素有关,所以,使用回波强度进行分类前需要进行数据的预处理和校正。LiDAR 点云的回波次数信息可分为:首次回波、中间回波和末次回波。在有缝隙的植被区域,激光束可以穿透树冠,部分到达地面,点云的首末次回波之间的高程差很大;在道路或者建筑物不可穿透区域,则只存在首次回波(即单次回波)。基于多次回波原理,就可以将植被区域和建筑物区域区分开来。由于激光光斑占有一定面积,因此在建筑物边缘,也会返回多次回波信息;另外,如果植被非常茂密,激光无法穿透,也只有树冠顶部的单次回波信息,所以多次回波信息在区分建筑物和植被时需要参考多种特征来判断。

　　此外,Axelsson(1999)提出了基于最小描述长度准则(Minimum Description Length, MDL)的 LiDAR 数据分类方法,区分的地物种类不多。Maas(1999)利用形态学滤波方法和连接成分标记方法实现了建筑物点云数据的分割和提取,但该方法在植被与建筑物混合遮挡区域效果不理想。Vu 和 Tokunaga(2001)采用 K-均值聚类方法对点云数据的高程进行分割,提出了基于 K-均值聚类和空间尺度分析的点云分类方法,在高层建筑物、中低建筑物、道路、桥梁、低矮植被以及地面点的精细分类方面,效果很好。

1.2.2　基于遥感影像的建筑物分类研究现状

遥感影像的面向对象分类方法作为一种新型的分类理念,在遥感图像分类领域得到了广泛研究,它首先通过图像分割得到均质的图斑,可称作影像的"片段"(Segment)或"对象"(Object),接下来将影像对象作为基本单元,提取影像对象的光谱特征(R、G、B)、几何特征(如形状、大小等)及对象之间的空间关系(如邻近、包含、相离等),参与到分类算法流程中。(陈杰,2010)。

国外关于面向对象影像分类的研究有很多。如,Willhauck(2000)利用面向对象分类方法分别对 SPOT 影像数据与航空影像进行林地类别的分类和提取,并与传统的遥感解译方法进行实验对比,结果表明前者的分类精度明显高于后者。Bauer 和 Steinnocher(2001)将面向对象图像分类方法用于奥地利维也纳市航空影像的分类,提取出了土地利用类别,实验结果表明该方法在分类速度和精度上均优于传统方法。Hofmann(2001)将面向对象分类方法用于IKONOS 图像分类中,提取了影像对象的光谱、纹理、形状等特征参与分类判识,提高了居民地分类提取的精度。Benz 和 Pottier(2001)基于面向对象的思想,提取图像对象的熵、光谱差值和各向异质性等特征,对极化 SAR 图像进行地物分类,结果表明该方法对精细植被类别的提取效果较好。Sande(2001)提取了影像对象的光谱差异性、空间差异性、语义信息及对象间的拓扑关系用于 IKONOS 影像的面向对象分类,利用分类结果精确评估了洪水对道路、建筑物和耕地的损毁情况。Willhauck 等(2002)综合利用 SAR、NOAA 数据和已有专题图等多源数据,采用面向对象分类方法分类提取了森林火灾的过火区域,并完成灾后损失评估专题图的制作。Benz 等(2004b)采用面向对象分类方法用于高分辨率遥感影像的自动分类,实验结果表明该方法大幅提高了分类效率。Hay 等(2005)利用面向对象分类方法从 IKONOS 影像中提取了加拿大森林的植被覆盖度。Bock 等(2005)采用面向对象分类方法完成了动物繁殖地的多尺度遥感制图工作。Ruvimbo 等(2006)对津巴布韦市中心城区的遥感图像进行面向对象分类,分类结果的总体分类精度达到 90%。Tansey 等(2009)也利用面向对象的分类方法从农业用地类型中自动提取了精确的农田边界。

国内面向对象分类方法的相关研究也大量出现。如,陈秋晓等(2004)探讨了基于影像对象的面向对象分类方法对空间分析中对象的空间关系、空间模式、多尺度或区域结构等特征的利用效率的促进作用。杜凤兰等(2004)深入分析了面向对象方法在 IKONOS 影像地物分类应用中的优势和不足之处。黄慧萍等(2004)研究了影像的多尺度分割方法,采用面向对象分类方法提取了城市绿色植被的覆盖信息。钱巧静等(2005)利用面向对象分析技术成功提取了三峡库区的土地利用覆盖类型。莫登奎等(2005)采用面向对象方法提取了株洲市城乡结合部的森林、建筑物及道路信息。曹雪和柯长青(2006)验证和分析了基于 QuickBird 影像的面向对象分类比传统分类方法的精度高。陈云浩等(2006)提取了影像对象的光谱、几何、空间关系等特征加入分类规则中,构建了多层级影像对象的层次结构,实现面向对象的影像分类。黎展荣和王龙波(2006)从 GIS 数据库中提取道路和水系图层,用于辅助基于 QuickBird 影像的城市绿地的提取。孙晓霞等(2006)验证了面向对象分类方法在基于 IKONOS 全色影像的线状地物提取中的适用性。孙志英等(2007)利用面向对象分类方法实现了南京市市区不透水面的提取。王启田等(2008)利用面向对象分类方法分类实现了泰安市冬小麦种植面积的精确估计。苏簪铀等(2009)验证了面向对象分类方法在武夷山自然保护区的 SPOT 影像分类提取方面的适用性。陶超等(2010)基于面向对象方法实现了城区大型建筑物的分层分级提取。员永生(2010)提出了一种基于支持向量机的面向对象土地利用类型的图像分类方法。王卫红等(2011)提出了面向对象的遥感影像多层次迭代分类方法。吴健生等(2012)利用面向对象分类方法自动化提取土地整理区农田灌排系统。崔一娇等(2013)采用面向对象方法提取了西辽河流域平原的植被信息,包括耕地、林地、中生偏旱草和中生偏湿草等,分类总体精度达到82.13%。王彩艳等(2014)基于面向对象分类方法,利用地物的光谱、形状、纹理和空间关系等特征,通过多尺度分割、隶属度函数法和标准最邻近分类法提取了海岸带的土地利用信息。综上所述,面向对象的分析方法已经被广泛应用于不同类型的遥感数据的分类过程中,且研究结果都表明面向对象的方法的分类精度都优于传统的分类方法。

近几年,融合 LiDAR 数据和高分辨率遥感影像进行面向对象分类成为研究的热点。苏伟等(2007)利用 LiDAR 数据(DSM)、QuickBird 遥感影像和 NDVI 数据进行多尺度分割,采用面向对象的方法进行城市的土地利用覆被分类,使分类精度得到明显的提高。Secord 和 Zakhor(2007)采用面向对象的方法结合机载 LiDAR 数据和航空影像准确地识别出城市区域的树木;Im 等(2008)采用面向对象的土地覆盖分类方法得到 90%以上的分类精度。管海燕等(2009)针对 LiDAR 数据与航空彩色影像的数据特点,提出了一种面向对象的多源数据融合分类方法,该方法能够有效地分离房屋、树木和裸露地三种基本地物。杨耘和隋立春(2010)结合 LiDAR 数据的高程信息和地物粗糙度特征,以及航空影像的光谱、形状和上下文信息等多种特征,构建 SVM 分类器进行面向对象的分类,实验结果表明该方法可以提高城区遥感影像分类的可靠性。于海洋等(2011)采用航空遥感数据和 LiDAR 数据,基于面向对象的图像分析(OBIA)与 SVM 技术相结合的方法对地震中倒塌建筑物信息进行了提取,提取总体精度达到86.1%。

1.2.3 融合 LiDAR 点云与影像数据的建筑物提取研究现状

建筑物要素与人类社会的活动密切相关,利用遥感数据提取建筑物空间信息一直以来都是研究的热点(王植等,2012;Henn et al,2013)。相比于遥感影像数据,LiDAR 点云数据包含三维高程信息,可以根据建筑物的几何特征进行识别,因此 LiDAR 点云数据更适合建筑物的提取。但受限于建筑物结构的复杂性和其他非建筑物点云的混合干扰,如何自动准确地提取建筑物目标仍然是当前研究的热点和难点。研究表明,单一数据源提供的信息有限,往往通过增加辅助信息来提高建筑物的准确度和精度,用得最多的辅助数据源就是光学影像(Rottensteiner et al,2004)。

早在 1995 年,就出现了影像信息辅助 LiDAR 数据进行建筑物提取的研究(Baltsavias et

al,1995),随后结合影像信息进行建筑物检测的研究陆续出现(Rottensteiner,2003;Sohn 和 Dowman,2007);Rottensteiner 等(2007)采用 Dempster-Shafer 方法融合多光谱航空影像的像素特征(颜色、高度变量和表面粗糙度)实现了像素级分类,提取出了建筑物点云;也有部分学者从影像分类技术出发,利用 LiDAR 点云数据辅助进行建筑物的分类提取。这些方法在特定的实验数据与条件下,取得了较好的实验结果(程亮等,2009;于海洋等,2011;李珊等,2013)。但多偏重于影像分割提取方法的改进,在 LiDAR 数据特征的融合方面仍有不足;另外,算法的适用范围有限,对植被混合场景下建筑物的提取效果一般。国际摄影测量与遥感协会(ISPRS)提供了一批开放下载的 LiDAR 点云和影像测试数据集,其测试结果表明,当前建筑物点云的提取方法在植被混合区域,存在密集植被、大范围植被邻接、植被遮挡和阴影这些情况时,处理效果不佳(Niemeyer et al,2014;Rottensteiner et al,2014)。

建筑物三维重建可分为基于数据驱动和基于模型驱动两种方法,或者两者结合的混合驱动方法(Satari et al,2012)。而建筑物轮廓线是建筑物三维重建过程中关键的约束信息,是建筑物模型是否精细的决定性因素。数据驱动的方法更有利于重建出符合建筑物细节的轮廓,但在植被混合区域,覆盖或遮挡引起的点云稀疏或缺失,容易造成建筑物边缘细节表达不充分或者缺失,导致提取的建筑物轮廓不精确或者变形(程亮等,2013;Cheng et al,2013)。因此,需要对建筑物边缘进一步精化处理,生成规则化、精细化的建筑物轮廓线。不同的建筑物轮廓精化方法得到的结果也各异(Sohn et al,2013)。

Haala 和 Anders(1997)利用 DSM 数据辅助影像空间的边缘提取;再利用从影像上提取出的边缘信息精化 DSM,但两种数据之间融合的具体技术细节并未阐明。Rottensteiner 和 Briese(2003)以 LiDAR 数据为主重建三维建筑物模型,利用影像上提取的建筑物边缘信息来修正和精化三维模型。Ma(2004)在分割出建筑物区域的点云后,采用轮廓规则化的方法追踪建筑物边界线,再结合航空影像的线特征精化建筑物轮廓,但轮廓精化效果受制于 LiDAR 数据的空间分辨率。Hu(2007)提出一种自动化的方案,利用正射影像与 LiDAR 数据集成,生成简单矩形状的建筑物,但对复杂建筑物局限明显。符小俐等(2011)利用点云滤波、带距离控制的卷包裹算法以及复杂多边形的简化等方法从机载 LiDAR 数据中提取出建筑物在不同高度时的外部轮廓多边形,其中多边形简化所采用的边收缩算法效率不高。Sun 和 Salvaggio(2013)首先基于平滑约束和曲率一致性规则识别出建筑物关键顶点,接着将顶点连接,并利用线段关系精化轮廓线,此方法无法提取曲线轮廓。李云帆等(2014)采用"点云轮廓提取—影像直线特征提取—建筑物轮廓精化"的流程提取出准确的建筑物轮廓信息,但仍存在因高植被遮挡的建筑物边缘信息难以恢复的问题。王雪等(2016)综合利用高分辨率图像与机载 LiDAR 数据的多层次特征提取复杂城市建筑物,对由阴影和植被覆盖的屋顶所造成的建筑物可以有效识别,但在遮挡区域仍存在一些错分和漏分,且建筑物的边缘精度较低。陈效军等(2016)将航空影像的光谱信息赋予机载 LiDAR 点云,结合高程信息提高了城市建筑物轮廓探测的精度,但对于颜色多样性的屋顶,该方法有一定的局限性。郭珍珍等(2017)利用改进的管子算法从 LiDAR 点云中获取轮廓线的关键点，并采用自适应的强制正交化方法，保证了轮廓线的规范化和合理化，在点云数据稀疏的情况下仍存在"瑕疵"。陈蒙蒙(2017)、王春林(2017)、孙金彦(2017)等也利用影像和 LiDAR 数据相结合的方法来改进建筑物轮廓提取的锯齿变形及精度问题，选取了若干特征参与点云的分割过程中，并没有分析所选特征的贡献率和优化效果之间的关系，没有进行建筑物边缘的精化和规则化。

综上所述，目前矿区复杂场景建筑物提取仍存在以下问题有待解决：

(1)在矿区环境复杂的区域，受阴影或遮挡的影响，建筑物轮廓难以完整提取，部分细节特征缺失。

(2)在利用影像和 LiDAR 数据相结合的建筑物提取方法中，多数只是简单地在算法过程中加入特定的一种或几种约束规则，这样会增加算法的复杂度，没有达到深层次融合的效果。

(3)现有方法提取的矿区建筑物顶部外轮廓线精细度不够，仍存在锯齿变形或细节偏差等情况。未能充分发挥航空影像的高分辨率特性，考虑建筑物的语义和空间拓扑信息进行轮廓概括和精化。

针对这些问题，我们将围绕矿区复杂场景中，植被、阴影等建筑物轮廓提取的干扰因素，充分利用已配准的影像数据和 LiDAR 点云数据的显性关键特征，探索两类数据的多特征组合和优选机理，解决建筑物高质量提取的关键技术问题，重点研究矿区复杂环境下点云滤波与分类、融合 LiDAR 点云与影像数据的建筑物轮廓提取、矿区建筑物轮廓的分层次聚类等内容，提高矿区复杂环境下建筑物提取的精确性与存储效率，为矿区建筑物快速识别与精确监测提供技术支撑。

1.3 主要研究内容

主要研究内容包括：

1.矿区复杂环境下点云滤波与分类

针对 LiDAR 点云数据离散性和盲目性的特点，对 LiDAR 点云的滤波与分类方法进行研究。首先通过分析 LiDAR 点云滤波的基本原理和滤波过程中的难点，总结和分析现有滤波方法在解决难点区域滤波上的不足，提出一种融合多特征的 LiDAR 点云数据滤波方法。利用 LiDAR 点云数据自身的属性特征，并结合遥感影像的光谱信息用于滤波过程，利用点云的回波次数、高程均值、点云离散度和光谱特征进行激光点的过滤，避免了单一条件的出现引起的漏分和误分现象，达到提高整体滤波精度的目的。进一步以建筑物点云的分割为切入点，研究顾及几何特性的建筑物规则点云的高效分割方法，以八叉树空间划分方式对数据进行组织，结合 K 邻近搜索法获取目标点的局部邻近点，采用加权平均目标点相邻的三角面片法向量来估算单点法向量，基于投影欧氏距离拟合曲面求取曲率，量化规则点云集的分割约束条件，采用法向量信息来进行平面点的提取，根据曲率在两个主方向上的差异性来识别和分割柱面和球面信息。

2.融合 LiDAR 点云与影像数据的建筑物轮廓提取

为了满足矿区建筑物精确监测的需求,准确地提取出建筑物位置、形状及边界轮廓信息,针对使用单一数据提取建筑物轮廓不完整及不精确的问题,融合影像信息和 LiDAR 点云数据的特征,用于特征加权支持向量机的多特征点云分类,提取出准确的建筑物点云数据。在此基础上,进一步研究融合 LiDAR 点云与影像数据的建筑物轮廓提取的面向对象方法,先将影像与 LiDAR 数据生成的 nDSM 进行多尺度分割,生成具有均质性的影像对象,再利用对象的特征信息进行基于规则的模糊分类。在多尺度分割的过程中,研究不同类别最优分割尺度参数的选择方法,并对模糊分类隶属函数的定义、模糊规则库的构建及分类流程进行研究。最终,提取得到了边界完整、细节贴合的高精度建筑物边缘轮廓。

3.矿区建筑物轮廓的分层次聚类

针对矿区三维建筑模型渲染与概括的应用效率低的问题,研究一种基于视觉认知理论的矿区建筑物模型聚类概括方法。利用道路要素对矿区场景进行粗划分,然后利用方向、面积、高度等空间认知要素及其拓扑关系约束进行精分类,使其符合形态学特征;采用 Delaunay 三角网和边界追踪综合算法进行模型合并概括,设计一种高效的层次模型对概括后的建筑物进行分层存储,以提高三维模型显示和漫游的效率。

1.4　全书组织结构

基于国内外研究现状,围绕主要研究内容,全书总共分为六章,各章节之间的安排与组织结构如图 1-1 所示。

第 1 章,绪论。阐述了本书的研究背景与意义,分析总结了 LiDAR 数据与影像数据建筑物提取与分类相关的国内外研究现状;提出了论文的主要研究内容,并对论文的章节安排和组织结构作了说明。

第 2 章,LiDAR 系统原理及其数据处理。介绍了机载 LiDAR 系统的基本原理,分析了 LiDAR 数据的特点及数据预处理的相关步骤,总结并分析了 LiDAR 数据与遥感影像配准的相关技术,为后续的研究提供了理论基础。

第 3 章,矿区复杂环境下点云滤波与分类。首先分析了 LiDAR 点云滤波的原理,总结并分析了现有常用滤波方法的优缺点和适用范围;针对矿区点云数据的特殊复杂情况,逐一分析了滤波的难点所在,提出了融合多特征的点云数据滤波方法,进一步研究了顾及几何特征的规则激光点云分割方法,并通过实验证明了该方法达到了满意的滤波和分割效果。

第 4 章,融合 LiDAR 点云与影像数据的建筑物轮廓提取。首先概括了现有 LiDAR 点云分类方法的不足之处,研究了 LiDAR 点云数据和影像数据基于点的组织方法和特征提取方法;提出了融合影像特征的 LiDAR 点云特征加权 SVM 分类方法,进一步提出了联合 LiDAR

点云与影像数据的建筑物轮廓提取方法,并通过实验验证了该方法能够提高建筑物轮廓提取的精度。

第 5 章,基于视觉认知的矿区建筑物轮廓的分层聚类。首先总结了现有建筑物模型聚类概括方法现状,提出一种基于视觉认知的矿区建筑物轮廓的分层聚类概括方法;并分为模型聚类、合并概括和分层次存储三个步骤分别进行了介绍;最后通过选取典型矿区进行测试实验和验证分析。

第 6 章,总结与展望。对全书研究内容进行总结,提出论文的主要创新点,并对下一步的研究进行了展望。

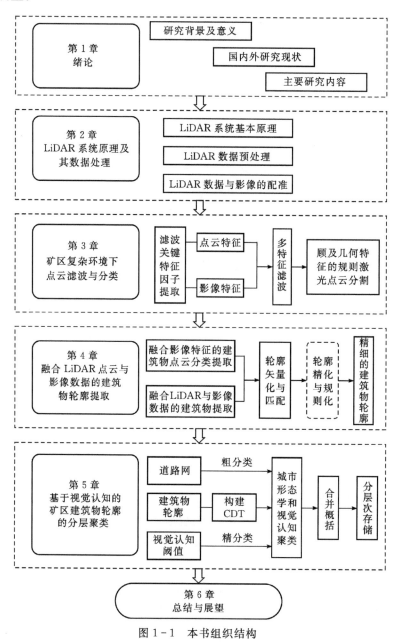

图 1-1　本书组织结构

第 2 章　LiDAR 系统原理及其数据处理

LiDAR 技术作为摄影测量与遥感领域的一项新兴技术,经过快速发展,至今已经成熟地应用于高精度的数字地形测绘中,弥补了传统摄影测量的不足、减少了野外工作量、缩短了生产周期、提高了工作效率。LiDAR 的工作原理、作业流程以及数据处理手段均与传统的摄影测量技术有所不同,只有充分了解了 LiDAR 系统的基本原理、工作流程以及数据处理相关技术,才能促进 LiDAR 技术与传统摄影测量技术的进一步结合,实现两者的优势互补。

本章将对 LiDAR 技术相关的基础理论知识进行阐述,首先简要介绍 LiDAR 系统的分类,并详细阐述机载 LiDAR 系统的各组成部分及其工作原理;然后总结 LiDAR 点云数据的特点,对 LiDAR 数据预处理的几个步骤进行分析;最后对 LiDAR 数据与遥感影像的配准技术进行总结与分析。

2.1　LiDAR 系统基本原理

LiDAR 系统根据搭载平台的不同可分为星载 LiDAR 系统、机载 LiDAR 系统和地面 LiDAR 系统等。星载 LiDAR 系统是指搭载于卫星平台的激光测高系统,运行轨道高,视野广阔,主要应用于天空探测、大范围的全球性观测和大气监测等领域(骆社周,2012)。机载 LiDAR 系统是指搭载于飞机等中低空飞行器平台的新一代航空测量系统,常用于获取区域范围内的地面三维信息,建立数字表面模型及其衍生数据的进一步应用等。地面 LiDAR 系统又分为移动式(车载、船载等)和固定式两种,主要用于近距离的工程测量、建筑测绘、文物考古及城市三维建模等。本书的研究内容主要是针对大范围区域的,实验数据多选用机载平台的 LiDAR 数据。因此,以下着重介绍机载 LiDAR 系统的相关情况。

机载 LiDAR 系统是发展时间最长、应用最为广泛的激光测量系统,随着硬件和软件性能的不断提升,目前,国际上已有多家大型公司推出了趋于成熟的商用机载 LiDAR 设备,如:奥地利 Riegl 公司的 LMS 系列、加拿大 Optech 公司的 ATLM 系列、德国 IGI 公司的 LiteMapper 系列、瑞士 Leica Geosystems 公司的 ALS70、美国 Trimble 公司最新发布的 AX60i 与 AX80 等。这些机载 LiDAR 系统的性能参数和设计用途虽然有所不同,但主要部件和基本原理总体上一致。机载 LiDAR 系统硬件上一般由以下几个部分构成:激光扫描测距系统、POS(Positioning and Orientation System)系统、成像装置和中心控制单元等,LiDAR 系统的工作原理如图 2-1 所示。

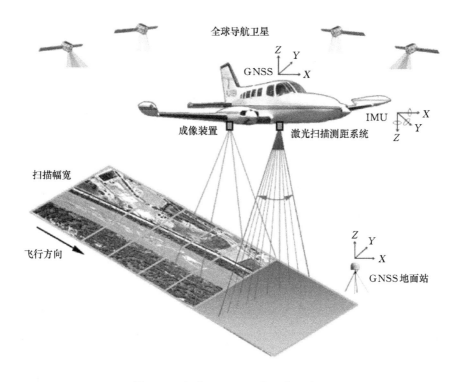

图 2-1 机载 LiDAR 系统工作示意图

1.激光扫描测距系统

　　激光扫描测距系统是机载 LiDAR 系统的核心部件,负责激光信号的发射与回波信息的接收,来测定目标到激光器的相对距离,主要包括激光发射器、激光接收器、光电机械扫描装置、时间间隔测定装置等。激光测距通常有两种方式:相位式和脉冲式。相位式测距利用激光器发射连续波激光信号,测量发射信号与反射回波信号间的相位差来计算距离;脉冲式测距通过激光器发射一束激光脉冲,记录从发射激光信号到接收地面返回信号的时间间隔来测定激光器与地面目标的距离。相位式激光器精度高,但高能量、长距离的相位式激光器较难实现,主要用于近距离的地面 LiDAR 系统(张靖,2011);机载 LiDAR 系统大部分都采用脉冲式激光器。

　　机载 LiDAR 系统的设计用途不同,其激光扫描仪的参数性能也不同,主要参数包括:波长、功率、扫描方式、扫描角、脉冲重复频率、回波记录方式等。激光信号的波长和功率影响反射特性和最大发射距离,决定了机载 LiDAR 的飞行高度的范围。机载 LiDAR 常用的扫描方式主要有四种:振荡式扫描(Oscillating Mirror)、章动式扫描(Palmer Scan)、光纤式扫描(Fiber Scanner)和旋转棱镜式扫描(Rotating Polygon),这四种扫描方式的机械装置和反射原理不同,得到的地面激光点的分布规律也不同(张靖,2011)。激光脉冲重复频率、扫描速度、扫描角、飞行高度和速度共同决定了地面激光点的密度。另外,回波记录方式不同,有的只记录首末回波信号或回波中的多次离散信号;有的能够接收无限次回波,记录回波的全波形信息,并且记录点云强度的信息,能够显著提高目标的细节表现和测量精度(袁枫,2010)。

2.POS 系统

POS 系统是机载 LiDAR 系统必不可少的关键部件,由全球导航卫星系统(Global Navigation Satellite System,GNSS)和惯性导航系统(Inertial Navigation System,INS)组合而成,主要用于实时获取传感器的位置、姿态和速度等信息。其基本原理是利用动态差分 GNSS 技术获得机载 LiDAR 传感器的位置和速度,并记录激光发射瞬间的精确 GNSS 同步时间;同时采用高精度的惯性测量单元 IMU(Inertial Measurement Unit)实时测量传感器的姿态参数,再进行联合卡尔曼滤波处理得到高精度外方位元素,在无需地面控制点条件下,或只需极少地面控制点情况下,实现机载传感器定姿和定位(韦雪花,2013)。

GNSS 包括美国的 GPS、俄罗斯的 GLONASS、欧盟的伽利略导航(Galileo)和中国的北斗导航系统,可用卫星数目达 100 多颗。GNSS 接收机如果能接收四颗以上的卫星信号,就可以通过单点定位确定测点的三维坐标和钟差,但精度较低。为了提高精度,机载 LiDAR 系统一般采用动态差分 GNSS,利用安装在飞机上的 GNSS 接收机和设在地面的一个或多个基准站,同步连续地观测 GNSS 卫星信号,通过动态载波相位差分定位技术获得机载传感器的位置和速度,定位精度可达到厘米级。

惯性导航系统(INS)的核心部件是惯性测量单元(IMU),IMU 由陀螺仪和加速度计组合而成,是一种完全自主式导航系统,可以随时随地快速机动工作,屏蔽外部环境的干扰,导航数据稳定、准确且更新速度快。捷联式惯性导航系统(Strapdown Inertial Navigation System,SINS)因平台结构简单,重量、体积、成本和功耗低的特点,目前在机载 LiDAR 系统中被广泛应用。

GNSS 具有定位精度高、误差不随时间积累等优点,但缺少姿态量测功能。在 GNSS 接收机处于高速运动时,容易出现"周跳"现象,GNSS 卫星信号捕获失败,导致定位精度不准。INS 能够独立自主地获取机载 LiDAR 的姿态信息(即偏航角、俯仰角和侧滚角),能够输出短时间内高精度的位置、姿态、速度等导航参数,但长时间运行后,导航误差的累加效应大,长时间导航定位的精度不稳定。为了结合 GNSS 和 INS 各自的优点,引入卡尔曼滤波器将 GNSS 与 INS 组合运行,取长补短,GNSS 可以抑制 INS 的漂移误差,INS 可修正 GNSS 的导航结果;当 GNSS 信号稳定时,INS 的高精度位置和速度信息可以增强 GNSS 工作效率。因此,成熟的 POS 系统通过卡尔曼滤波器将 GNSS 与 INS 集成到一起,两者优势互补,这样就满足了机载 LiDAR 系统实时获取高精度位置、姿态和速度的需求(李军杰,2013)。

3.成像装置

机载 LiDAR 系统集成的成像装置通常为高清图像传感器,可以通过视频或照片的格式,同步记录地表信息,用于后续生成的数字高程模型产品的质量评价,可获取丰富的光谱信息作为纹理数据源,或辅助目标地物分类(罗伊萍,2010)。随着技术的进步,机载 LiDAR 系统配备的成像装置朝着更高像素和宽幅相机的趋势发展。

4.中心控制单元

中心控制单元主要包括计算机系统、飞行控制系统、监测与同步控制系统、导航数据实时记录与处理设备、点云与影像数据存储与备份系统等,是整个机载 LiDAR 系统的监控中心。操作人员可以通过中心控制单元实现飞行轨迹的追踪和调整,监控和协调传感器和各部件的运行状态,实时地存储采集的数据和相关信息,并通过计算机系统进行软件处理和计算,以确保输出高精度的最终测量结果(邓非,2006;赵峰,2007)。

2.2 LiDAR 数据预处理

机载 LiDAR 系统完成飞行任务后,获取的原始数据包括:激光扫描距离数据、回波强度、回波次数、POS 数据、地面 GNSS 基站数据和影像数据等。这些数据依据 POS 导航信息和地面基站数据联合解算出地面激光点在 WGS84 坐标系下的 X、Y、Z 坐标值,得到大量离散的具有精确三维坐标的点,称为 LiDAR 点云,同时还获得激光点强度数据、回波次数、同步匹配的影像数据等。不同机载 LiDAR 系统数据记录方式会有所不同,但采集的 LiDAR 点云数据具有共同的特点(徐文学,2013),主要表现为以下几点:

(1)点云的离散性。LiDAR 点云数据在空间形式上离散分布,点云的位置、间隔在三维空间中分布无规律性,而且是随机的。这种离散性主要是由地表的地形和地物的多样性和激光扫描方式造成的,不能保证地物的关键点和特征点都存在激光点云,同一平面坐标可能存在几个不同的高程值。

(2)点云密度较高。随着机载 LiDAR 硬件的不断发展,扫描方式、飞行速度和高度的改进,相邻扫描线间距和扫描线内点云间距也越来越小,所获取的点云密度越来越高,从最早的 $4\sim5$ m² 获取 1 个点到目前每平方米可获取 $10\sim20$ 个点(左志权,2011)。

(3)点云分布不均匀。受扫描方式、地形起伏、扫描仪与地面的相对位置和方向的影响,不同区域的 LiDAR 点云的密度不同。扫描带边缘与中心部位点云密度不同,山区的点云数据密度会比平坦地区的密度要低。对建筑物的人字形的倾斜屋顶而言,朝向激光器扫描仪方向的屋顶会反射更多的信号,在数据中就表现为屋顶两个平面上数据密度存在差异,建筑物的侧面也存在少量点云数据。在进行建筑重建时,这种不均匀的分布就有可能对建筑物特征参数的提取增加难度(罗伊萍,2010)。

(4)存在数据空洞。LiDAR 点云常出现数据缺失或空洞的情况,呈现大面积黑色区域。可能是因为地面存在水体,由于激光的波长属于近红外波段,容易被水体吸收,所以扫描仪接收不到反射信号,出现数据空洞;如果水体表面有漂浮物或者水体中有杂质的情况下,会呈现比较稀疏的点云。另外如果激光发射方向存在高大物体的遮挡,也会产生点云空洞,可通过扫描带重叠区域点云叠加的方式进行弥补。

(5)存在噪声点。由激光扫描仪接收的异常信号产生的距离异常的点称为噪声点。噪声点产生的原因很多,主要有 LiDAR 系统误差、飞鸟、不明飞行物、地面遮挡物、下水道等。通常 LiDAR 点云数据后续处理之前都要进行去噪预处理。

(6)具有回波强度数据。目前,大部分机载 LiDAR 系统除了能够获取点云的三维坐标信息外,还能同时记录激光脚点反射的回波强度数据。由于早期的 LiDAR 系统采集的回波强度数据噪声太大,不能够很好地利用起来;不过随着近年来仪器设备的不断进步,回波强度数据的精度与质量也逐步改善。标准化的回波强度数据对应的是不同地物表面对激光脉冲的不同反射率,不同材质目标反射的激光强度信号不同,因此可以利用激光强度数据辅助目标地物的分类(Mao 等,2008;曾齐红,2009)。大部分研究者将点云强度数据内插为强度图像,借用传统数字图像处理的方法来进一步处理。

(7)可接收多次回波数据。早期的机载 LiDAR 系统只能记录单次回波,随着技术的发展,出现可以记录首末次回波或多次回波的 LiDAR 系统,甚至更先进的 LiDAR 系统采用全波形数字化技术,可记录无穷次回波信号。当激光脉冲能够穿透目标地物的时候,如植被区域、建筑物边缘、电力线等,就会产生多次回波信号,有利于获取植被覆盖区域的数字地面模型,便于提取地物的几何信息用于建模,以及为地物的分类识别提供辅助信息。

根据 LiDAR 点云数据自身的特点,为了更好地利用 LiDAR 点云数据进行地物分类识别,需要对原始点云数据进行预处理,主要包括误差校正、数据拼接、点云去噪等几个步骤。

2.2.1　误差校正

机载 LiDAR 系统集成了多个传感器设备,采集数据过程中会产生各种各样的误差,在有效利用机载 LiDAR 数据前需要进行误差检校和纠正处理,尽可能地消除或减小误差对 LiDAR 点云精度的影响。机载 LiDAR 系统中的误差主要分为三种类型:粗差、偶然误差和系统误差。粗差是指明显的任务操作误差等,可通过经验参数修正和重复查验的方法监测和降低粗差;偶然误差主要来自发射角度、激光束宽度、光斑发散、激光信噪比、激光接收器的反应、平台的定位、定向精确度,空气透明度,以及地表地形地貌类型等偶然的因素,偶然误差是无法彻底避免的,可采用多次重复观测、平差处理等手段降低偶然因素的影响(王丽英,2011);系统误差通常是由各传感器自身和它们之间集成过程中存在的问题引起的,在整个误差中所占比例最大,对结果的影响也是最严重的,可以通过检校和后处理平差两种方法来消除,系统误差来源途径很广泛,主要包括:激光扫描测距系统误差、GNSS 定位误差、INS 姿态测量误差和系统集成误差等(袁枫,2010;张靖,2011)。

1.激光扫描测距系统误差

激光扫描测距系统误差主要有两个方面:扫描角误差和激光测距误差。

扫描角误差产生的主要原因有:①由于安装和设计原因不能保证扫描平面完全垂直于 X 轴,导致扫描初始角度不为零;②扫描电机的非匀速旋转以及扫描镜的震动;③受旋转扭矩误差的影响。随着科技的发展和硬件制造工艺的完善,扫描角误差将会被更好地解决。

激光测距误差可分为三类：①激光测距仪自身的误差。激光测距仪出厂后自身工作过程中都免不了产生误差，主要为电子光学电路对经过地面散射和空间传播后的不规则激光回波信号进行处理、估计和时间测量带来的误差，包括时延估计误差和时间测量误差两类。此外还有可能存在传感器激光信号发射与接收不平行（可校正）产生的误差；激光脉冲信号传播时间的测量误差；反光镜的旋转、震动误差；脉冲测距零点误差等（徐景中，2008）。②大气折射误差。激光信号在穿过大气层时，要受到大气延迟折射的影响，其影响程度与激光脉冲的波长、大气传播率、空气质量、气温、气压等有关。一般情况下，每100 m激光光程受大气的影响会产生约2 cm的距离误差，而天顶方向对流层延迟改正误差的绝对值只有几毫米，可利用简单的误差改正模型，将残余误差消除（邬建伟，2008）。③地物目标反射相关的误差。激光脉冲信号发射到地面时，由于地表复杂的物理特征造成反射特性不同，漫反射会增加接收信号的噪声；镜面反射可能会导致返回信号为零的情况；如果经多次反射后的信号仍然返回接收器，会导致激光测距结果偏差。另外，地表粗糙度、地表坡度、植被的干扰、地表不连续以及地物的移动等因素也会造成激光测距精度降低（王丽英，2011）。地物表面对于激光信号反射率的高低，也会影像激光束反射和传播速度，会导致高反射率地物的测距略小于实际距离，而低反射率地物的测距略大于实际距离。新推出的机载 LiDAR 系统已经针对此问题，利用强度-距离改正表对测距结果进行了检校来消除误差（袁枫，2010）。在所有误差中，激光扫描测距误差是最复杂的，由于足够的重视和有效的误差改正，在实际工作中所造成的误差可能是最小的，激光扫描测距误差可以控制在2～5 cm。

2.GNSS 定位误差

GNSS 定位误差主要包括卫星星历误差、卫星钟的钟差、接收机钟差、电离层延迟误差、对流层延迟误差，以及由于多路径效应、相位中心不稳定、观测噪声、整周模糊度求解差错等原因引起的误差。GNSS 定位误差因观测环境的变化而改变，不容易消除，是机载 LiDAR 测量精度影响最大的误差源之一。通常在测区内建立多个分布较均匀的基准站，利用载波相位差分GNSS 技术，来降低 GNSS 定位误差的影响。

3.INS 姿态测量误差

INS 姿态测量误差主要包括加速度计常数误差、加速度计比例误差、陀螺仪漂移、测量噪声、轴承间的非正交性、重力模型误差、大地水准面误差等。INS 姿态测量误差消除手段包括调整扫描角度和降低飞行高度等。另外，GNSS/INS 组合导航系统，可以与 GNSS 定位精度相互弥补，目前国外较好的姿态精度可达：偏航角＜0.005 度、俯仰角＜0.0025 度、侧滚角＜0.0025 度。

4.系统集成误差

除了机载 LiDAR 系统中不同传感器自身的出厂误差外，将多种传感器和硬件集成在一起时还会产生集成误差，主要包括数据处理误差和硬件安置误差。数据处理误差是各子系统获取的数据进行整合处理过程中产生的误差，包括时间同步误差、内插误差、坐标转换误差等。

硬件安置误差是机载 LiDAR 系统中各个部件和子系统安置在一起时产生的误差,主要有安置角误差、偏心距误差、角度步进误差、扭矩误差等。

2.2.2　数据拼接

机载 LiDAR 系统飞行工作前,给定飞行高度参数后,由于扫描角度的限制,扫描的地面覆盖宽度已经固定。单条航线覆盖不足的情况下,需要进行多条航线飞行规划,为了保证数据的可用性,航线之间需保证 20%～60% 的重叠度(Latypov,2002;Shan 和 Toth,2008;Favalli 等,2009)。由于飞行过程中存在各种误差,即使经过严格的系统检校和误差纠正后,仍会残余一部分系统误差,相邻两条航带解算出的同一点的高程不同,产生高程相对漂移;航带间重叠区的数据仍存在误差,将影响点云数据的密度分布和后续的点云滤波分类等处理。因此,后续数据应用前需要消除残余系统误差影响,解决航带重叠区域的高程相对漂移现象,并进行数据拼接。尤红建(2006)利用一种变权的加权平均方法重新计算航带重叠区域的采样点的值,来进行相邻航带间点云数据的拼接。此外,还可以通过条带平差法(袁枫,2010)或最小二乘区域网平差法(王蒙等,2010)来完成机载 LiDAR 航带间点云数据的拼接。

在进行机载 LiDAR 航带间点云数据拼接时,还应考虑航带重叠区的点云数据的冗余问题,导致重叠区域的点云密度与其他区域差异较大,会影响后续数据处理的效率和精度。Terrasolid 软件提供了利用机载 LiDAR 系统的航迹信息进行重叠区冗余点云去除的方法,该方法通过航迹信息内插计算出重叠区内每个点的精确扫描角值,并与事先给定的阈值进行比较,扫描角大于阈值的点被去除,可以达到较好的点云简化效果。当航迹信息缺失时,必须通过点云的其他属性值来处理,如利用点云的 GPS 时间值属性,也能有效地去除航带重叠区中的冗余点云,减少了数据量,提高了点云密度的一致性(彭检贵等,2012)。

2.2.3　点云去噪

机载 LiDAR 采集得到的初始点云数据中存在许多噪声点,为了保证后续数据处理的精确性,必须先进行点云去噪处理,也称作点云粗差的剔除。

噪声点产生的原因主要有以下几个方面:

(1)由 LiDAR 系统自身原因引起的,如在信号发射和接收过程中电路传输错误、扫描设备震动等,导致出现距离异常点;

(2)由于多路径效应,或者接收到多次漫反射的激光信号,也会出现点状分布的噪声点。

(3)由于一些偶然因素,如激光脉冲信号打到空中不明漂浮物、飞鸟、烟囱、水井以及下水道等区域,就会产生噪声点。

噪声点会给 LiDAR 点云数据处理带来许多不利影响,如在对点云按高程分层渲染时,异常高程的噪声点会影响可视化效果;在点云滤波处理过程中,噪声点的存在会干扰滤波算法的效率;还会影响点云分类的准确率和目标识别的精度。

目前常见的 LiDAR 点云去噪方法主要有以下几种:

（1）基于高程统计的去噪方法。该方法是目前比较常用的一种去噪方法,其思路是依据噪声点为个别高程异常的极大点或者极小点的特点,对高程进行横切分层,统计每个分割区内点云数目,给定一个合理的阈值,将分割区内点云数目小于给定阈值的点标记为噪声点予以剔除。该方法适用于地形平坦地区个别极大、极小值的噪声点的剔除,如果测区地形起伏较大,基于高程统计的方法去噪效果较差。

（2）基于扫描线的去噪方法。该方法通过计算扫描线上连续的 3 个点之间的高程差值,根据点云密度设定合理的阈值,遍历所有点云,大于该阈值的点被剔除(陈永枫等,2013)。这种方法对于连续的簇状或者块状噪声点的去除存在局限性,只能剔除首末两个噪声点。

（3）基于虚拟格网的去噪方法。该方法通过引入虚拟格网将测区内点云进行分块,然后获得区块内的平均高程,将区块内点云高程与平均高程比较,差值大于某一合理阈值的点确定为噪声点(陈永枫等,2013)。使用基于虚拟格网的方法去噪过程中,虚拟格网的区块划分极为关键,划分不当,很容易将边缘区域的点云误当作噪声点而剔除。

（4）基于信号分析的去噪方法。该方法从频率域的角度,将点云信号变换到时间-频率域,借鉴数字滤波器的原理,通过设定的滤波器函数来剔除高频噪声信号。针对所选实验数据,该方法明显地提高了原始 LiDAR 点云数据的信噪比,取得了良好的去噪效果;但是母小波函数的确定以及如何设计合适的滤波函数难度大,存在经验性与随机性(Reddy et al,2009;Mao,2012;Tian et al,2014)。

（5）基于纹理分类的去噪方法。基本思路是先将 LiDAR 点云内插得到高程纹理图像,利用图像分类算法进行分类,自动确定噪声区域,并将对应的噪声点剔除(Nardinocchi 等,2003;Filin,2004)。该方法的去噪效果过度依赖对纹理图像的分类精度,不能很好地将高程相近的块状噪声与小型建筑物区分开来,容易造成点云的误剔除。

此外,还有一些学者(Sotoodeh,2007;Leslar et al,2011;韩文军和左志权,2012;左志权等,2012a;Nurunnabi et al,2013)结合以上方法中一种或者几种方法,针对点云数据的特点,进一步改进和优化,提高和改善了点云去噪效果,更精确地剔除了点云的粗差或者"局外点"。也有一部分学者(Bartels 和 Wei,2010;Han 等,2014)在后续的点云滤波过程中,利用滤波算法的一个步骤完成点云噪声的滤除,以达到理想的滤波精度。

2.3　LiDAR 数据与遥感影像的配准

配准是多源数据融合处理必须解决的一个基本问题,LiDAR 点云与影像数据的配准是实现 LiDAR 数据与遥感影像融合处理的首要任务。配准的目的是将不同传感器获取的数据转换到统一的地理参考坐标系统中,并使得同一地物所对应的点在空间上精确地对准。如果 LiDAR 数据和遥感数据是由不同平台分别进行采集的,不同平台之间的空间定位信息存在误差,必须后期进行配准操作。即使是由同一平台同机采集的 LiDAR 数据和遥感数据,也会因为平台自身的各种系统误差,导致影像和点云的地理坐标无法精确对应。机载 LiDAR 平台记录的原始姿态信息存在配准误差,所以需要利用配准技术来修正影像的外方位元素,使得两种数据能够精确地对准,真实地还原地物的三维信息和光谱纹理信息。

目前,LiDAR 数据与遥感影像常用的配准方案有以下几种:

1.基于区域网空中三角测量的方法

传统摄影测量中采用的区域网空中三角测量是利用连续拍摄的具有一定重叠度的航摄像片,依据少量野外控制点与像片上的像点坐标同地面点坐标的解析关系(同名光线对对相交)建立相应的区域网模型。区域网空中三角测量可以纠正像片之间的几何变形,实现影像之间的配准,并利用地面控制点实现影像与模型之间的配准。

2.基于相机安装参数的方法

航摄数码相机与 LiDAR 扫描仪在安装时紧密固连,通过相机的安装参数进行检校,可纠正影像与 LiDAR 点云之间的主要系统误差,实现影像与 LiDAR 之间的粗略配准。传统相机安装参数的检校一般采用自检校空中三角测量的方法,需要利用地面控制点信息。

3.基于图像配准的方法

传统的图像配准技术的发展趋于成熟,已经在遥感影像处理、模式识别和计算机视觉等领域得到了广泛的应用。但是,传统的配准方法是针对二维影像之间的配准,而 LiDAR 点云与影像数据是三维与二维之间的配准,LiDAR 点云与影像数据在表现形式和属性上都存在差异,因此,传统的图像配准方法并不完全适用,需要加以改进,才能达到精确的配准效果。

总体上来看,LiDAR 数据与遥感影像的配准比传统的图像配准要复杂得多,但方法上仍然可以分解为配准基元(Registration Primitives)、变换函数(Transformation Function)、相似性测度(Similarity Measure)和匹配策略(Matching Strategy)四个基本问题(Brown,1992;Habib et al,2004;Ghanma,2006)。

2.3.1　配准基元

任何两种数据集之间的配准,首先第一步就是从两种数据集中找到一些共性特征来建立两者之间的对应关系,这些共性特征称作配准基元。配准基元的选择是配准的首要步骤,决定了后续使用哪种相应的配准转换方程、相似性测度和配准策略。LiDAR 点云与影像配准时可选取的配准基元大致分为辐射特征和几何特征两类。

辐射特征配准通常指的是基于灰度特征的配准,是利用 LiDAR 点云的强度信息与遥感影像的灰度信息之间的相似性,寻找光学影像与点云强度图像上的同名点,再按传统的影像之间的配准方法进行配准(邓非,2006)。由于激光强度图像包含信息量较小,对不同地物的区分能力较弱,与遥感影像灰度特征差异较大,同名特征点的选取比较困难,限制了辐射特征的配准方法的适用范围,该方法较多地用于近景激光扫描中的配准(Abedinia et al,2008)。

几何特征配准是 LiDAR 点云与影像配准时经常采用的方法,几何特征包括点特征、线特征和面特征。点特征一般是手工选取,如明显的道路交叉点、线段的端点、高程变化点、曲线的转折点等,选择 LiDAR 激光点作为影像的控制点(Mitishita et al,2008;Palenichka 和 Zaremba,2010)。由于 LiDAR 激光点是离散分布的,要在影像和 LiDAR 数据中确定准确的同名点,既费时且效率不高,所以大部分研究采用线特征和面特征作为配准基元。Filin 和 Vosselman(2004)采用线特征作为对应基元,提出了利用共线条件的配准方法;Dold 和 Brenner(2006)、Skaloud 和 Lichti(2006)、Habib 等(2007)学者利用从影像中提取的面特征作为对应基元来解决配准问题;Habib 和 Aldelgawya(2008)同时利用从 LiDAR 数据中提取的线特征和面特征对影像的地理参考进行纠正,实现了 LiDAR 点云与影像的配准。常用的面特征包括屋顶、湖泊或者其他同质区域等,线特征可以选用轮廓线、地物边界线、道路、分割面片的交线等。相对于点特征,面特征与线特征更容易提取出来,并且可以通过分类和分割算法自动识别,面片相交也可确定精确的线特征。马洪超等(2012)使用特征微元法自动识别 LiDAR 点云中的屋脊线和边界线特征,并提取对应影像中的同名特征线,利用共线方程进行配准,取得了高精度的配准结果。张良等(2014)提出了一种基于点、线相似不变性的影像与机载 LiDAR 点云自动配准算法,首先通过 SIFT 算子提取点特征进行粗配准,同时分别基于影像和 LiDAR 点云提取直线特征利用共线方程进行精配准,将基于强度的配准算法和基于线特征的配准算法有机结合,在较高的自动化程度下实现了城区影像与 LiDAR 点云的精确配准。

2.3.2　变换函数

选定了配准基元后,下一步就要确定待配准的两种数据之间的变换方式,变换函数就是描述它们之间数学变换关系的函数。常用的变换方式有:刚性变换、仿射变换、投影变换和非线性变换等。刚性变换是指待匹配对象间仅存在反转、平移和旋转变换,后面三种非刚性变换中还包括缩放、投影、扭曲等复杂的变换方式,就需要构造更复杂的变换函数,求解更多的配准参数。

1.刚性变换

如果变换过程中两点间的距离保持不变,变换后对象的形状和相对大小也保持不变,则这种变换称为刚体变换。变换矩阵 $\boldsymbol{H}$ 如下:

$$\boldsymbol{H} = \begin{bmatrix} \cos\theta & \mp\sin\theta & t_x \\ \sin\theta & \pm\cos\theta & t_y \\ 0 & 0 & 1 \end{bmatrix} \quad (2-1)$$

在二维配准中,假设 (x_1,y_1) 为原始点的坐标,(x_2,y_2) 经过刚性变换后的点坐标,则它们之间的数学关系如下:

$$\begin{bmatrix} x_2 \\ y_2 \end{bmatrix} = \begin{bmatrix} \cos\theta & \mp\sin\theta \\ \sin\theta & \pm\cos\theta \end{bmatrix} \begin{bmatrix} x_1 \\ y_1 \end{bmatrix} + \begin{bmatrix} t_x \\ t_y \end{bmatrix} \quad (2-2)$$

由式(2-2)可以看出,刚性变换被分解成旋转变换和平移变换,模型中有 3 个未知参数：θ 为旋转角度、t_x 和 t_y 分别表示水平位移和垂直位移。

2.仿射变换

如果图像上的直线经过变换后映射到另一幅图像上仍然是直线，且平行线经过变换之后仍保持平行关系，则这种变换称为仿射变换。变换矩阵 $\boldsymbol{M}$ 如下：

$$\boldsymbol{M} = \begin{bmatrix} \cos\theta & \sin\theta & t_x \\ -\sin\theta & \cos\theta & t_y \\ 0 & 0 & 1 \end{bmatrix} \tag{2-3}$$

二维空间中，仿射变换用 6 个自由度来表示：3 个平移、1 个旋转、1 个剪切和 1 个膨胀。其数学描述公式如下：

$$\begin{bmatrix} x_2 \\ y_2 \end{bmatrix} = k \begin{bmatrix} \cos\theta & \sin\theta \\ -\sin\theta & \cos\theta \end{bmatrix} \begin{bmatrix} x_1 \\ y_1 \end{bmatrix} + \begin{bmatrix} t_x \\ t_y \end{bmatrix} \tag{2-4}$$

式(2-4)中，k 表示比例系数；$\begin{bmatrix} \cos\theta & \sin\theta \\ -\sin\theta & \cos\theta \end{bmatrix}$ 表示旋转矩阵；$\begin{bmatrix} t_x \\ t_y \end{bmatrix}$ 表示平移矢量；6 个未知参数需要三对不共线的控制点来确定。

3.投影变换

如果一幅图像上的直线经过变换后，在另一幅图像上仍然为直线，但平行关系基本不保持，则这种变换称为投影变换。在二维空间中，投影变换是关于齐次三维矢量的线性变换，在齐次坐标系下，二维平面上的投影变换可用式(2-5)所示的非奇异 3×3 矩阵形式来描述。

$$\begin{bmatrix} x_2 \\ y_2 \\ w_2 \end{bmatrix} = \begin{bmatrix} a_{11} & a_{12} & a_{13} \\ a_{21} & a_{22} & a_{23} \\ a_{31} & a_{32} & a_{33} \end{bmatrix} \begin{bmatrix} x_1 \\ y_1 \\ w_1 \end{bmatrix} \tag{2-5}$$

二维投影变换按照公式(2-5)将像素点 (x_1, y_1) 转换为像素点 (x_2, y_2) 的变换公式为：

$$\begin{cases} x_2 = \dfrac{a_0 x_1 + a_1 y_1 + a_2}{a_6 x_1 + a_7 y_1 + a_8} \\[2mm] y_2 = \dfrac{a_3 x_1 + a_4 y_1 + a_5}{a_6 x_1 + a_7 y_1 + a_8} \end{cases} \tag{2-6}$$

式(2-6)中，变换参数 $a_i = (i = 0, 1, 2, \cdots, 8)$ 是由变换场景和待配准的图像决定的常数。

4.非线性变换

非线性变换又称为曲线变换，经过非线性变换之后，一幅图像上的直线对应到另一幅图像上不再是直线。当图像的几何信息不足或者发生畸变时，以上几种线性变换均不适用的情况下，就需要用非线性变换来解决实际问题。在二维空间中，原始点 (x_1, y_1) 与经非线性变换后的点 (x_2, y_2) 之间的关系由式(2-7)表示。

$$(x_2, y_2) = F(x_1, y_1) \tag{2-7}$$

F 表示两幅图像之间映射关系的任意一种形式的变换函数，多项式变换是一种典型的非

线性变换,如二次、三次函数及样条函数,此外也可以用指数函数。多项式函数可表述为:

$$\begin{cases} x_2 = m_{00} + m_{10}x + m_{01}y + m_{20}x^2 + m_{11}xy + m_{02}y^2 + \cdots \\ y_2 = n_{00} + n_{10}x + n_{01}y + n_{20}x^2 + n_{11}xy + n_{02}y^2 + \cdots \end{cases} \tag{2-8}$$

2.3.3 相似性测度

相似性测度是衡量配准基元之间相似性程度的定量描述,通常表现为匹配策略的一个目标函数。配准过程中,利用相似性测度在所有可能的变换所组成的搜索空间中寻找到最优变换,因此,选择一个合适的相似性测度尤为重要。

通常在选择相似性测度时,需要综合考虑配准的目的、实际图像的形态、几何变换关系以及配准基元等多方面的因素。常用的相似性测度可以总结为以下几类:

(1)基于距离的相似性测度。主要有:均方根误差、马氏距离、Hausdorff 距离等。这类方法虽然原理简单、便于实现,但存在计算速度慢、配准精度低的缺点。

(2)基于相关法的相似性测度。主要包括:相关比例、相位相关、归一化互相关、梯度互相关以及 PIU(Partitioned Intensity Uniformity)测度等,该类方法计算量比较大,主要应用于单模图像配准中。

(3)基于熵的相似性测度。主要包括:条件熵、联合熵、互信息以及归一化互信息等。该类方法对单模图像配准和多模图像配准都能适用,不仅在刚性配准领域成熟应用,在非刚性配准领域同样发挥着重要作用。其中,互信息法和归一化互信息法不需要对图像进行分割和设置控制点等预处理工作,配准精度可以达到亚像素级,鲁棒性强、适应范围广,因此得到了最为广泛的应用和关注。

在 LiDAR 数据与遥感影像的配准中,通常采用的相似性测度有互信息和法向距离等(杜全叶,2010)。

2.3.4 匹配策略

配准过程本质上就是一个多参数的优化过程,即通过优化在搜索空间中寻找最优的空间变换参数,使得相似性测度达到最优。匹配策略也被叫优化算法,它是配准过程中最核心的步骤,它将配准基元和相似性度量有效地联系起来。优化算法通常是对代价函数求最优值,选择合适的优化策略,以此改善配准的速度和精度。一般常用的优化算法有:迭代最邻近点(ICP)算法、下山单纯形法、梯度下降法、几何哈希法、半穷尽搜索法、遗传算法、模拟退火法、粒子群算法、Powell 法、Levenberg-Marquardt 法、Newton-Raphson 迭代法等。LiDAR 点云与影像配准领域使用最广泛的是迭代最邻近点(ICP)算法,实际应用中,依据不同分辨率和不同尺度,经常多种优化算法混合使用,以求达到更好的效果。

综上所述,LiDAR 数据与遥感影像的配准,需要首先选择两种数据集中具有共性的特征作为配准基元,然后再根据配准基元确定配准的变换函数、相似性测度和匹配策略。在实际应用中,根据应用的特点、数据的形态特征、数据的变形和噪声、对精度的要求以及可用的计算资源等方面的具体情况可以选择适当的配准方法。配准方法的区别实际上就是上述的四个配准基本问题内容的不同,其中配准基元的选择决定了后续的步骤所用的方法。按照配准基元的不同,现有的 LiDAR 点云数据与遥感影像的配准主要分为以下几类:基于灰度区域的配准方法、基于点特征的配准方法、基于直线特征的配准方法、基于面特征的配准方法以及基于联合特征的配准方法等(张帆等,2008)。

2.4　本章小结

本章主要对本书研究相关的理论知识与技术基础进行了阐述,首先简要介绍了 LiDAR 系统的分类,并着重叙述了机载 LiDAR 系统的各组成部分及其工作原理;然后分析了 LiDAR 点云数据的特点,对 LiDAR 数据预处理过程中的误差校正、数据拼接、点云去噪技术进行了总结与分析;最后对 LiDAR 数据与遥感影像的配准方法进行了归纳与分析,并且详细讨论了配准过程中的四大基本技术问题。

第3章 矿区复杂环境下点云滤波与分类

LiDAR 系统所获取的在空间上呈不规则分布的三维点云表达了地面和地物的空间分布特征,可以看作是数字地面模型(DSM)。经过去噪预处理,滤除其中的异常点,剩余的点云一部分来自裸露地面的反射,另一部分来自人工地物(房屋、桥梁和其他人工建筑物等)或者自然地物(植被及其他地面附着物等)。机载 LiDAR 系统的基础应用之一就是从三维点云中提取数字地面模型(DTM)或者数字高程模型(DEM)。为了获取精确的 DTM 或者 DEM,就必须在离散的三维点云中分离出地面点与非地面点,这一过程中借用数字信号处理中滤波的概念,将真实地面点当作信号,将非地面点当作噪声滤除,称之为 LiDAR 点云数据滤波。滤波不仅是 DTM 或 DEM 生成必不可少的一步,也是点云特征提取与地物分类的重要前提。

本章主要研究 LiDAR 点云数据滤波与分类的方法,在分析现有 LiDAR 点云滤波方法的基础上,提出一种融合多特征的 LiDAR 点云滤波方法,解决传统滤波算法适应性和鲁棒性不高的问题。进一步以建筑物点云分割为切入点,研究和验证了一种顾及几何特征的规则激光点云分割方法,解决海量点云数据的存储管理及点云数据的高效分割过程中的技术难题。

3.1 LiDAR 点云数据滤波原理

LiDAR 点云数据滤波与传统图像滤波是有所区别的。图像滤波是为了得到更高质量的图像,将图像中的噪声滤除;而 LiDAR 点云数据的滤波是为了区分真实地面点和非地面点,将激光脚点中不感兴趣的非地面点滤除。LiDAR 点云数据滤波的主要任务是判断激光脚点是属于地面点还是属于非地面点,滤波算法通常是基于对点云局部特征的不连续性的估计,设置一定的判别准则来区分地面点和非地面点。其数学形式描述为:M 为 LiDAR 点云数据集,其中包含 N 个激光脚点,$m_i(i \leqslant N)$ 为 M 中某一个点,预先定义的包含两类标记的集合 $L = \{grd, obj\}$,其中 grd 代表地面点标记,obj 代表非地面点标记。那么,LiDAR 点云数据滤波可以当成是一个预先定义的两类标记集合对激光脚点逐一进行标记(分类)的问题。定义标记函数 $F(m_i)$ 为:

$$f = \{f_i\}_{i=1}^N; f_i = F(p_i); f_i \in \{grd, obj\} \tag{3-1}$$

式(3-1)中,m_i 是点集 M 中的某一点;f_i 是 F 在点 m_i 上的具体观察结果;F 被称为滤波函数。滤波函数 F 由具体的判断准则 δ 确定,δ 通常为阈值或多重阈值的形式,用于判断激光脚点是否属于地面点。例如,在相对平坦的地区可以简单地定义 δ 为该地区地表的最大坡度值,即 $\delta=\text{Slope}_{\max}$,然后计算 m_i 相对于地面的坡度,当坡度小于 δ 时,将 m_i 标记为地面点,反之将其标记为非地面点。但是对于相对复杂的地形,地面高低起伏不定的情况下,基于地形坡度特征的判断准则就不适用了,所以找到适用于各种情形的判断准则是设计稳健滤波算法的核心和难点。

机载 LiDAR 系统能够提供脚点的三维坐标、回波强度和回波次数等信息,理论上可以利用这三种信息作为滤波的判断准则。目前,常见滤波原理有以下三种。

3.1.1　基于高程突变的点云数据滤波

基于三维激光脚点的高程突变的原理进行数据滤波是目前应用最广泛的一类滤波方法。现实世界中,地表上的不同地物会产生高度差异,在地物相邻的边缘地带会产生高程突变,呈现点云的局部不连续性。在点云滤波处理过程中,如果局部范围内的高程值发生了突变,除了极少情况下是由地形陡然起伏(陡坎、悬崖等特殊地形)引起的,大部分情况则是由于地物类别变化导致的,这样较低的点就可能是地面上的点,而高程较高的点则位于高出地表面的地物上。由于现实环境的复杂性,各种各样的地形或者地物所造成的局部高程突变的形式也有所不同。陡坎或者悬崖只会引起单一方向的高程突变,而规则建筑物所引起的高程突变在四个方向都存在;当激光点扫描到较为高大的树木时,相邻激光脚点间的高程也会呈现出不规则的局部不连续情况,其表现形式与前两者也明显不同,如图 3-1 所示。因此,在基于高程突变的原理进行点云滤波时,若考虑了高程突变的方向性这一因素,可以将地形突变与地物突变区别开来,进而提高滤波的可靠性。

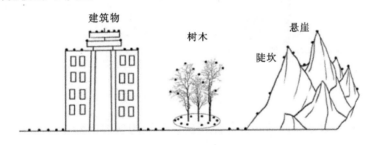

图 3-1　LiDAR 点云高程突变的不同表现形式示意图

在滤波过程中,一般都要先指定初始地面高程值和高程差阈值等参数信息,当两相邻点的距离越近,高程差越大,若大于判定阈值,则较高点是地面点的可能性就越小,通过多次迭代才能达到最终的过滤效果。较好的滤波算法还需要让这些参数信息能够根据每次迭代结果或者不同的地物形态自动改变以适应新的情形来判断。比如,高程差阈值参数的确定应考虑到该点到参考地形表面点的距离,当两点之间的距离变大时,相应的阈值也应调整大一些。

基于高程突变的点云数据滤波方法通常要基于相应的假设,这些假设主要是由于算法设计的需要或是受到可获得信息的约束,而引入到机载 LiDAR 数据的滤波算法中的,在这些假设条件下该类方法具有较好的适用性(Sithole,2005)。

3.1.2 基于回波次数的点云数据滤波

可记录多次回波信息的机载 LiDAR 系统发射的激光脉冲到达地形表面的时候,脉冲能量可能会抵达到不同高度发生多次反射,反射信号返回 LiDAR 系统被接收并记录。多数情况下,激光脉冲打到地面目标的某一平面上,信号只反射一次或者有多次反射但系统无法探测到,只有单次回波;如果经单次反射后,激光能量消耗殆尽,也形成单次回波;如果存在剩余能量穿透目标继续传播,产生多次反射并被系统接收并记录形成多次回波。如图 3 - 2 所示,同一束激光脉冲能同时获得不同高程反射的多次回波。

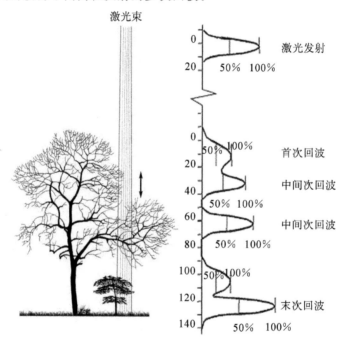

图 3 - 2 LiDAR 系统多次回波示意图

在植被覆盖区域,激光脉冲的一部分能量到达树冠的顶部,而另一部分则透过植被间的缝隙到达地面,这两部分能量将先后反射回被传感器记录,其到达时间的不同可以反映出所测量目标高程的差异。LiDAR 系统按一定顺序记录下这些数据,从树冠顶部返回的脉冲被记录为首次回波,从地面层反射回的最后一个回波信号被记录为末次回波,除首、末次回波以外的中间回波信号被顺序编号记录,称为中间次回波。如果激光脉冲完全射到一整片树叶上,或者植被茂密导致激光无法穿透,只有一次回波信号,称为单次回波。图 3 - 3 展示了植被区域单次回波与多次回波的分色显示效果。

根据激光脉冲的反射回波次数的特征分布,可以分析得出:

(1)单次回波可能为裸露的地面点,或者为人工建筑物顶面或者墙面,还有一部分为植被茂密的树冠顶部点或者树干上的点。

(2)多次回波中的首次回波大部分为非地面点,包括植被冠层和人工建筑物边缘等。

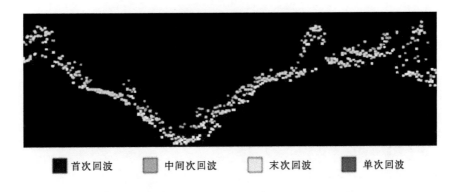

<table>
<tr><td>■首次回波</td><td>■中间次回波</td><td>□末次回波</td><td>■单次回波</td></tr>
</table>

图 3-3　植被区域单次回波与多次回波分色显示图（彩图见附录）

（3）中间次回波一般为植被的中间部分或者低矮植被点。

（4）末次回波大部分为地面点，还有少量植被低处的枝叶上的点。

由以上分析可以看出，在植被覆盖区域，生成 DEM 的地面激光脚点应该从单次回波和多次回波的末次回波中提取。利用回波次数进行 LiDAR 点云数据滤波可以有效滤除大部分植被点和建筑物边缘点，减少大量的非地面点，这在一定程度上减轻了后续滤波的计算量与难度。

3.1.3　基于回波强度的点云数据滤波

目前，大部分 LiDAR 系统可以根据传感器接收到的回波能量与发射激光脉冲的能量的比例计算出回波强度。当前主要的机载 LiDAR 设备的激光都采用近红外波段的光源，地面上不同物质对激光信号的反射特性各不相同，但激光束照射到某一区域内同类物体表面得到的回波强度值大致相同。点云的回波强度主要由地表介质对激光能量的反射率决定，反射率取决于激光的波长、介质材料以及介质表面的明暗程度等。实验表明，自然地物表面（如植被、沙土等）的反射率要强于人工地物（如沥青、混泥土等）介质表面。黑色（黑色沥青、黑色瓦片屋顶等）表面对激光信号有吸收效应，反射信号很弱；相反，光亮的表面对激光信号会形成较强的漫反射。表 3-1 反映了一般的常见介质对激光信号的反射率。

表 3-1　常见介质对激光信号的反射率

介质	反射率
白纸	接近100%
形状规则的木料（干的松树）	94%
雪	80%～90%
啤酒泡沫	88%
白石块	85%
石灰石、黏土	接近75%

介质	反射率
有印迹的新闻纸	69%
棉纸	60%
落叶树	典型值 60%
松类、针类常青树	典型值 30%
碳酸盐类沙(干)	57%
碳酸盐类沙(湿)	41%
海岸沙滩、沙漠裸露地	典型值 50%
粗糙木料	25%
光滑混凝土	24%
带小卵石沥青	17%
火山岩	8%
黑色氯丁(二烯)橡胶	5%
黑色橡皮轮胎	2%

点云强度数据还跟激光束的发射高度、发射功率、入射角度、地表地形、天气状况等因素有关。这些因素导致同一介质的回波强度容易出现不稳定性,使用回波强度信息时,必须对其进行标定和校正。由于点云强度信息的复杂性,需要对其进行一系列的处理才能有效地辅助点云的滤波,首先将点云强度值重采样为灰度图像,并进行去噪、滤波处理,以得到分布均匀、区分度高的点云强度图像。

3.2　现有滤波方法分析

目前已有很多学者对滤波算法进行了研究,提出了多种滤波方法,适用于不同的地形环境的点云数据滤波。这些滤波方法可按照以下不同的分类标准来分类。

1.数据的组织方式

按点云数据的组织方式可以分为:基于原始离散点的方法、基于规则格网的方法、基于不规则三角网(TIN)的方法与基于剖面的方法等。基于原始离散点的方法最大限度地保留了原始点云精度,但是随着点云数据量的增大,整个滤波过程比较耗时,处理速度很慢。大部分方法都先将原始点云重采样为规则格网,可以预先计算出每个格网的高程值,这样就大大地减小了数据量,提高了算法的效率;但这样会产生内插误差,损失一定的精度,严重的可能会造成地面点或地物点的高程误差,出现失真问题。

2.单次处理中使用的点数

根据单次处理中使用的点数可以分为:

（1）单点对单点，即判别函数进行计算时，使用一个点与其相邻一个点进行处理，单次处理只能判定一个点的归属；

（2）单点对多点，即使用一个点与其相邻多个点进行处理，单次处理也只能判定一个点的归属；

（3）多点对多点，是指每次判断时用多个点与其相邻的多个点的数据进行处理，一次可以判定多个点的归属。

3.处理的次数

按处理次数的不同可以分为：单次处理和迭代处理。单次处理的方法只执行一次算法就得出最终结果，滤波速度快；迭代处理的方法是通过算法的迭代不断优化处理结果，其精度相对较高，但处理速度略慢。

4.不连续性的判断

早期的一些滤波算法无法判断地面的不连续性，但是大部分算法是可以自动判断不连续性的。由于地面不连续的情况比较复杂，可以利用多种因子来判断这种不连续性，常见的因子包括：高程差、坡度、到 TIN 面的最小距离和到参数表面的最小距离等。

5.点集处理方式

由于不同算法的流程不一样，对非地面点集的处理方式也有所不同。有些算法将滤波得到的非地面点直接删除，常见于不规则点云的处理；有些用邻域内点的插值来代替非地面点的高程值，主要用于对规则格网的处理。

6.滤波思路

根据上述 LiDAR 点云数据滤波的原理，主要是基于高程突变的滤波方法居多，这类方法基本上都会遵循一些基本的假设前提。例如，几乎所有的滤波方法都遵循的一个假设前提为：原始点云由地面点与地物点构成，且一定的邻域范围内的地面点一定低于地物点。这个假设前提用来确保起始的种子点一定为局部高程最低的地面点。另一个常用的假设前提为：地面的地形起伏比较平坦，地面的坡度变化在一定的阈值内，而不属于自然地形的地物的坡度变化会超过这个阈值。这个假设前提用来构造判别函数，判断与种子点相邻激光点的归属。虽然有相同的假设前提条件，但判别函数构造的思路与方法不同，如图 3 - 4 所示，总体上可以分为以下四类（Sithole 和 Vosselman，2003b）。

（1）基于坡度的滤波（Slope Based）：这类滤波方法通过计算两点间的坡度或高差来进行滤波处理。若坡度或者高差大于某个阈值，则较高的点将被归类为地物点。这个阈值既可以是全局阈值，也可以是自适应变化的局部阈值。

（2）基于最小化区块的滤波（Block-minimum）：这类滤波方法先确定一个带有小块缓冲区的水平平面，该缓冲区位于水平平面上方，地面点落在这个缓冲区内，地物点则位于缓冲区外。

（3）基于曲面的滤波（Surface Based）：这类滤波方法与基于最小化区块的滤波类似，在参数曲面上方定义一个缓冲区,不同的是缓冲区随着地形的起伏会产生相应的变化。

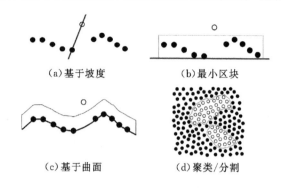

(a)基于坡度 (b)最小区块

(c)基于曲面 (d)聚类/分割

图 3-4 四种不同的滤波思路

(4)基于聚类/分割的滤波(Clustering/Segmentation):这类滤波方法借鉴传统遥感分类的方法,先将点云按某种属性进行聚类/分割,如高程或粗糙度等。再比较聚类之间的明显差异,如果某个聚类的高程大于其他聚类,那么判定此聚类中的点为地物点。

7.是否融合多源信息

大多数算法仅仅利用原始点云的三维坐标信息进行滤波处理,可靠性和准确性不太理想。近几年也出现了融合回波次数与回波强度信息的滤波方法,取得了不错的滤波效果,特别是用于存在树木等植被覆盖区域的滤波,可以有效地探测植被与建筑物等复杂地物。随着研究的进一步深入,融合多源信息进行滤波处理成为 LiDAR 点云数据滤波的重要发展方向。

随着 LiDAR 点云滤波算法的不断改进与发展,许多研究者提出各种不同的滤波算法,在各自限定的条件下,取得了不错的滤波效果。但这些滤波方法大多数已经跨越了上述的分类标准,或者综合集成了其中两类或者几类方法的优点,以得到更高效稳健的滤波方法。以下分别介绍当前比较成熟的几种具有代表性的 LiDAR 点云滤波算法。

3.2.1 数学形态学滤波方法

数学形态学(Mathematical Morphology)理论自 1964 年由法国研究者提出以来,一直作为经典方法被广泛应用于图像分析与识别领域。德国斯图加特大学的 Lindenberger(1993)最早将数学形态学方法用于机载 LiDAR 点云数据处理中,首先采用水平方向上的窗口计算出初始地表,若剖面上的点到地表的距离小于一定阈值,则判定为地面点,并利用自回归算法不断修正和改善其结果。随后,Weidner 和 Forstner(1995)提出了一种利用灰度值作为阈值的形态学滤波算法,实现了 LiDAR 点云数据的滤波。

数学形态学方法在二维栅格图像处理领域有成熟的理论和应用基础,其基本运算有四种:膨胀(Dilation)、腐蚀(Erosion)、开运算(Opening)和闭运算(Closing)。膨胀和腐蚀是数学形态学的基础,用于扩大或缩小图像中特征形状的尺寸。在基于图像灰度特征的形态学运算中,膨胀和腐蚀运算分别得到指定域内像素点灰度的最大值与最小值。这两种运算组合起来可以得到开运算与闭运算,开运算是先执行腐蚀操作,再进行膨胀操作,闭运算则反之。假设 $f(x,y)$ 是输入图像, $b(x,y)$ 是"结构元",这四种运算的具体描述如下:

1.膨胀

用"结构元" b 对输入图像 f 进行基于灰度的膨胀运算为 $f \oplus b$,其定义为

$$(f \oplus b)_{(s,t)} = \max\{f(s-t,t-y) + b(x,y) \mid (s-x),(t-y) \in D_f;(x,y) \in D_b\}$$
$$(3-2)$$

式中, D_f 和 D_b 分别是 f 和 b 的指定域,膨胀运算的结果在由"结构元"确定的邻域中选取 $f \oplus b$ 的最大值。

2.腐蚀

用"结构元" b 对输入图像 f 进行基于灰度的腐蚀运算为 $f \ominus b$,其定义为:

$$(f \ominus b)_{(s,t)} = \min\{f(s+t,t+y) - b(x,y) \mid (s+x),(t+y) \in D_f;(x,y) \in D_b\}$$
$$(3-3)$$

式中, D_f 和 D_b 分别是 f 和 b 的指定域,腐蚀运算的结果在由"结构元"确定的邻域中选取 $f \ominus b$ 的最小值。

3.开运算

用"结构元" b 对输入图像 f 进行开运算为 $f \circ b$,其定义为:

$$f \circ b = (f \ominus b) \oplus b \tag{3-4}$$

4.闭运算

用"结构元" b 对输入图像 f 进行闭运算为 $f \cdot b$,其定义为:

$$f \cdot b = (f \oplus b) \ominus b \tag{3-5}$$

在栅格图像中像素值存储在规则的二维格网中,每一个像素值都有唯一的行列号 (i,j) 对应。借鉴这种存储方式, f 为规则格网化的 LiDAR 点云, (i,j) 为格网行列号, Z 为高程值,对 LiDAR 点云数据的膨胀与腐蚀运算定义为:

$$膨胀: \quad (f \oplus g)(i,j) = Z(i,j) = \max_{Z(s,t) \in w}(Z(s,t)) \tag{3-6}$$

$$腐蚀: \quad (f \ominus g)(i,j) = Z(i,j) = \min_{Z(s,t) \in w}(Z(s,t)) \tag{3-7}$$

式(3-6)与式(3-7)中, f 为规则化的 DSM; g 为"结构元"; $Z(i,j)$ 为膨胀或腐蚀运算后规则化的 DSM 中第 i 行第 j 列的高程值; w 为"结构元"的窗口。

膨胀与腐蚀运算进行组合后,形成的开运算和闭运算可用于规则化后的 LiDAR 点云数据滤波,开运算与闭运算定义为:

$$开运算: \quad (f \circ g)(i,j) = ((f \ominus g) \oplus g)(i,j) \tag{3-8}$$

$$闭运算: \quad (f \cdot g)(i,j) = ((f \oplus g) \ominus g)(i,j) \tag{3-9}$$

以上四种运算对 LiDAR 点云进行操作时的作用各不相同,膨胀运算是使"结构元"窗口中心的部分点高程增大,而腐蚀运算是使"结构元"窗口中心的部分点高程减小,这样就使得小

于窗口尺寸的局部高程起伏消失。开运算是先腐蚀后膨胀,腐蚀运算将所有比窗口尺寸小的特征表面点用该窗口中的高程最低点代替,而局部窗口中高程最低的点通常为地面点,可以有效滤除比窗口尺寸小的非地面点,如树木点等;比窗口尺寸大的特征表面点将会被相应地腐蚀一部分,但仍有大部分被保留下来,如图 3-5 中虚线代表建筑物表面。这个结果在执行膨胀运算时,被腐蚀掉一部分的建筑表面会得到相应的恢复,如图 3-5 中实线即为膨胀后得到相应恢复的建筑物表面。所以,基于这种滤除效果,开运算在 LiDAR 点云数据滤波中应用最多。

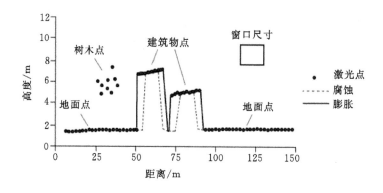

图 3-5　LiDAR 点云形态学滤波示意图

这种基于形态学开运算的滤波方法中,选择合适的"结构元"窗口大小是滤波效果的关键。如果选择了较小的窗口进行处理,大多数地面点被保留,只有零散的小型地物点(如汽车、树木等)被滤除,而那些大于窗口尺寸的大型建筑物就不会被滤除,造成 Ⅱ 类误差很大。如果选择的窗口过大,会使地面的小山包等起伏的地形消失,滤波结果过于平滑,造成 Ⅰ 类误差增大。

由于构成现实地物目标的建筑物、桥梁等结构与高度复杂多变,很难统一尺寸,所以,基于数学形态学的滤波算法中滤波窗口大小和阈值的选择尤为关键。为了解决这个问题,许多研究者提出了在此基础上优化与改进的滤波方法:如 Kilian 等(1996)采用多级窗口进行运算,并引入权重概念,根据窗口大小将得到的地面点赋予不同的权值,再依据权值进行内插 DEM;Petzold 等(1999)提出了一种移动的变化窗口滤波算法,先用较大尺寸的窗口逐步移动,滤除窗口内与最低点的高差大于阈值的点,然后逐渐减小窗口尺寸重复操作来滤除其他地物点;Morgan 和 Tempfli(2000)设计了一种可以根据规则自动分配权值的权函数,将较低的点赋予较大的权值,在较大的"结构元"内的点也赋予较大的权值,再依权值滤除非地面点。Zhang 等(2003)提出了一种改进的渐进形态学滤波算法,依据地形坡度的斜率与高程的变化来动态调整滤波窗口的尺寸,通过逐渐加大滤波窗口的尺寸和高程差值阈值,来去除非地面点,同时最大限度地保留了地面点。Chen 等(2007)也提出了类似的多尺度滤波方法,先选择一个至少包含一个地面点的最小窗口来过滤掉绝大部分的植被点,然后逐渐增加滤波器窗口尺寸来滤除建筑物点。隋立春等(2010)提出并实现了直接对离散点云数据进行处理的动态窗口滤波算法,针对不同地形情况实现了滤波窗口参数的部分自适应功能;并在形态学开运算的基础上增加一个"带宽"参数,对传统的数学形态学算法进行了扩展和改进,使得算法更合理,达到了更好的滤波效果。

除了应用较多的形态学开运算之外,李勇和吴华意(2008)首先利用形态学梯度算子计算每一个点的梯度,再进行改进的迭代开运算,并根据梯度直方图减少迭代的次数,通过判断每次开运算后点的高程与原高程的差值是否小于指定的阈值,逐步完成 LiDAR 点云数据滤波。沈晶等(2011)利用形态学重建的方法进行迭代运算,每次重建后的结果都会进行再次判定,并结合点云的高差及其所在区域的边缘高差信息进行全面分析,取得了可靠性与普适性较好的 LiDAR 点云滤波结果。孙美玲等(2013)提出了一种融合多种形态学算子的滤波方法,该方法充分利用了形态学开运算在小窗口下滤除小型地物的优势,再利用形态学梯度查找大型建筑物边缘,然后利用连通性分析和二值形态学重建方法滤除大型建筑物,克服了传统形态学滤波时的窗口选择问题。

总体上看来,基于数学形态学的滤波算法设计直观简洁,且有成熟的理论依据,算法处理速度较快,但其效果过分依赖于窗口尺寸的选择。虽然许多学者提出了渐进的、多尺度的与改进的形态学算法以提高自适应性,但仍需要对测区的地形及地物的特征有一定的先验知识,才能确定较适宜的窗口尺寸,得到满意的滤波结果。

3.2.2　基于坡度的滤波方法

基于坡度的滤波算法最早是由 Vosselman(2000)提出来的,其核心思想为:分别计算任意相邻两点之间的坡度,出现较大坡度值中的高程较高的点是地物点的可能性很大。该方法通过比较相邻两点间的高差值来判断点的属性,判断条件为事先指定的最大高差阈值 $\Delta h_{\max}(d)$。

设为 N 点云数据集,DEM 为地面点,d 为两点间距离,则:

$$\mathrm{DEM} = \{p_i \in N \mid \forall\, p_j \in N : h_{p_i} - h_{p_j} \leqslant \Delta h_{\max}(d(p_i, p_j))\} \tag{3-10}$$

若在点 p_i 的邻域内没有临近点 p_j 满足式(3-10),则 p_i 就被划分为地面点。

假设某一个测区内地形坡度不会大于 30%,考虑到地面点观测值的误差情况,设置 5% 的置信区间,则滤波函数可定义为:

$$\Delta h_{\max}(d) = 0.3d + 1.65\sqrt{2}\,\sigma \tag{3-11}$$

式中,σ 为地面点的标准差。

基于坡度的滤波算法的关键是选择合适的坡度阈值,如果在一定邻域范围内某点与任何相邻点之间的坡度值小于坡度阈值,则认为该点是地面点。给定的坡度阈值越小,则移除的点越多。Vosselman 和 Maas(2001)指出应根据测区内地形的先验知识选择合适的坡度阈值,这就需要选择包含所有地面形态的训练样本,因此导致算法的适用性降低。

Sithole(2001)随后对 Vosselman 算法进行了改进,用一个锥形的局部算子来改造核函数,使坡度的阈值随着地形坡度的变化而改变,使其适用于陡峭的复杂地形。Roggero(2001)

也在 Vosselman 方法的基础上,考虑局部点位高差和距离权重,利用局部线性回归来估算局部地面的坡度。

基于坡度的滤波方法原理简单,易于实现,且滤波结果的精度较高。但需要逐点进行坡度值的计算,要针对不同地形设置不同的坡度阈值和邻域范围,如何自适应地选取坡度阈值和邻域半径是该算法的难点。

3.2.3　基于扫描线的滤波方法

机载 LiDAR 系统通常以一定的扫描路径进行对地测量,这样在同一扫描线内的点之间间距很小,而扫描线之间的间距较大。因此,可以利用 LiDAR 系统记录的扫描线信息设计基于一维扫描线的滤波方法,通过比较扫描线上相邻点之间的高程差异或坡度值等特征实现地面点与非地面点的分类。该方法以一维的扫描线为处理单元,不用构建规则格网等数据结构,无须进行内插,避免了精度损失,且处理效率高。

Sithole 和 Vosselman(2005)提出了一种基于扫描线的多方向分割滤波方法,结合扫描线对原始 LiDAR 点云进行三个方向的聚类分割,进而分离出地面点与非地面点。Shan 和 Sampath(2005)提出了一维双向标识(One-dimensional and Bidirectional Labeling,OBL)滤波方法,每次对沿扫描线方向的一个剖面进行滤波处理,同时考虑坡度与高程值两个判断尺度,以克服单一尺度的缺陷。OBL 算法具体执行过程分为两个步骤:第一步骤为标识过程,在此过程中,以剖面上的各点的坡度以及高程值为判断尺度区分地面点与非地面点;第二步骤为修正过程,利用线性回归在每一个剖面内进行局部拟合以去除在数据标识后还残留的非地面点,修正过程可以多次重复执行以达到满意效果。

Meng 等(2009)提出了多方向扫描线滤波法(Multi-direction Ground Filtering,MGF),将一维扫描线的双向标识扩展为水平与垂直两个方向的二维扫描线双向标识,这样最多可进行四个方向上的高程值与坡度值的标识,可以减少地物尺寸和形状对滤波结果的影响,提高了算法的实用性。

王刃等(2014)针对 OBL 算法的不足,提出了改进的一维双向标识(Progressive One-dimensional and Bidirectional Labeling,POBL)方法,采用坡度的二次差值和一维长度尺寸作为判断标准。把整个数据集看成是由具有不同一维长度的特征组成的,利用坡度的二次差值在剖面中进行特征分割,计算每一个分割特征的一维长度。沿扫描线分别进行前向和后向标识,依据坡度差阈值和长度阈值逐点进行比较并判别,直到所有点标识完成后,在剖面中进行线性拟合,进一步去除非地面点。

总体来看,大部分扫描线滤波方法只能选择有限的扫描方向,坡度值与高程差有很大的相关性,某种程度上只反映出同一类别的属性,难以充分表达足够真实的地形变化信息。因此,基于扫描线的滤波方法在地形突变或地表复杂场景下的滤波效果不够理想。

3.2.4　基于不规则三角网的滤波算法

目前大部分滤波算法都采用将不规则点云插值看成规则格网的形式,这样虽然可以大幅提高算法运行速度,但插值处理会带来一定精度损失。特别是在处理位于地面点与非地面交界处的点云插值过程中,会将非地面点的高程降低,容易造成误差。而基于不规则三角网(Triangulated Irregular Network,TIN)的滤波算法采用 TIN 结构来组织离散的点云,避免了重采样带来的误差,完整地保留了原始激光脚点高程信息。

基于不规则三角网的滤波算法是一个反复迭代、渐进加密的过程,基本原理为:先利用初始地面种子点生成一个稀疏的三角网地形表面,然后将剩余的点作为候选点,筛选满足相应的判断条件的点加密地形表面。该方法基于局部范围内高程最低点为真实的地面点的假设,滤波过程中首先将局部范围内高程最低点作为准确的初始地面种子点,这是后续迭代计算的基础。因此,滤波之前必须将 LiDAR 点云数据的粗差点剔除。

经典的不规则三角网渐进加密滤波算法是由 Axelsson(2000)提出来的,其某个版本的算法被著名的商业软件 TerraSolid 所采用。该算法的主要执行过程为:首先,依据去除粗差后的所有原始 LiDAR 点云的直方图均值估算初始阈值;其次,利用规则格网划分的方式,格网的间距应依据最大建筑物尺寸而定,选取每一个格网内的最低点作为种子点,根据这些种子点构建初始 TIN;然后逐个计算每个点的高程参数和角度参数,并与阈值进行比较,如果满足阈值条件,则将其加入 TIN;如果加入了新的地面点,则需要更新 TIN,并基于当前 TIN 重新计算阈值,阈值参数为脚点到 TIN 一个三角形面的距离 d 以及该点与三角形各顶点连线与 TIN 面的夹角 α、β、γ,如图 3-6 所示;重复迭代执行,直到遍历完所有的点,迭代结束。

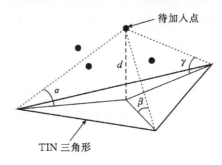

图 3-6　TIN 渐进加密滤波算法的参数示意图

由以上步骤可以看出,TIN 渐进加密滤波算法的关键是参数阈值的选取,选择合适的参数阈值才能得到满意的滤波结果。该算法在城区和森林地区的滤波效果很好,但对于地形复杂地区的地面点(如陡坡转角上的边缘点),可能出现因未满足阈值条件而被漏掉的情况,如图3-7所示。为解决这个问题,Axelsson 通过斜率判断高程突变点,利用镜像点的方法来修正这些被漏分的边缘点。

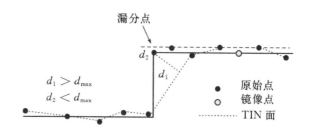

图 3-7　利用镜像点修正漏分点示意图

Sohn 和 Dowman(2002)取四个地面种子点组成 TIN 四面体,以最小描述长度为判断条件,重复执行向下加密和向上加密来提取地面点。Krzystek(2003)先利用局部区域最低点构建一个粗糙的 TIN,以高差阈值判别地面点,并利用有限元分析法来修正 TIN 模型,该算法在具有不同树木结构的森林地区得到了较好的应用。李卉等(2009)认为使用镜像的方法虽然对陡坡上的边缘点有一定的作用,但对于连接斜坡和较高的地形点不能较好地保留。因此,她提出了融合区域增长的、改进的渐进三角网滤波方法,能精确稳健地将陡坡边缘上的地形点添加到 TIN,并能够剔除在高程接近、强度信息差别不明显情况下的植被点。左志权等(2012b)提出了一种基于知识的三角网渐进滤波方法,首先利用面向对象分割与动态聚类的方法对点云进行粗分类,将此分类结果作为先验知识用于指导后续的自适应三角网渐进滤波,进一步提高了点云滤波的可靠性。

3.2.5　迭代最小二乘线性内插滤波算法

迭代最小二乘线性内插滤波算法最早是由奥地利的 Kraus 和 Pfeifer(1998)提出的,用于森林覆盖地区的 LiDAR 点云的处理,能够有效地滤除植被点,从而生成高精度的 DEM。其某版本的算法已在商业软件 INPHO SCOP++中产品化(Pfeifer et al,2001)。

这种滤波方法使用多项式曲线来拟合地形起伏不大地区的 LiDAR 点云数据,数据滤波与内插同时进行,不断地迭代处理。其滤波原理为:基于非地面点的高程比局部范围内的地面点的高程高,线性最小二乘内插后,激光脚点高程与拟合面的拟合残差不服从正态分布。高于地面的地物点的高程拟合残差都为正值,且偏差较大;对应的地面点的拟合残差较小,且可能为负值。该方法的详细步骤如下:

首先将原始点云数据集划分为小块,按所有点等权的方式估算窗口内的高程均值,并将其作为初始拟合面,该表面实际上位于植被覆盖面(DSM)与真实地面(DEM)之间。

然后,计算原始数据中每一点的高程值与该点对应初始拟合面的高程值的差值,即为拟合残差 v。根据拟合残差计算每个点的权重 p。权函数定义为:

$$p_i = \begin{cases} 1 & v_i \leqslant g \\ \dfrac{-1}{1+(a(v_i-g)^b)} & g < v_i \leqslant g+w \\ 0 & g+w < v_i \end{cases} \tag{3-12}$$

式中,p_i 为第 i 点的权值;v_i 为第 i 点的拟合残差;参数 a 和 b 决定了权函数的陡峭程度;g 为偏移值,可通过残差统计直方图确定,通常取值为一个合适的负数,同时设定一个过渡区间 w 用作缓冲区间来处理无法根据残差直接判定属性的点。权函数 p_i 与参数 g 和 w 的关系如图 3-8 所示(取 $a=1,b=4$)。

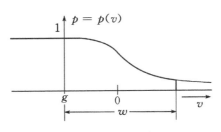

图 3-8 权函数示意图

计算出每个点的权值 p 后,就可以进行下一步的迭代计算。由式(3-12)和图 3-18 可以看出:当残差位于 $(-\infty,g)$ 时则判定为地面点,赋权值为 1;当残差位于缓冲区域 $[g,g+w]$ 时无法判定其点云属性,在该区间上赋予递减的权值;当残差位于 $(g+w,\infty)$ 时则判定其为地物点,赋权值为 0,将其剔除。通过不断更新点云数据的权 p,再计算出新的拟合表面模型。

最后,根据新的拟合表面重新计算被剔除点的残差,如果残差值落在本次吸收域内($v<g+w$),则该点重新吸收为地面点,参与新的拟合计算。如此反复迭代,直到满足结束条件为止。

迭代最小二乘线性内插滤波算法能够较好地剔除植被点和建筑物点,是一种用得较为广泛、较为成功的算法。但也存在一些不足,例如,该方法容易错误滤除断线处的点,导致最终生成的 DEM 不准确;对较低的建筑物点不能完全滤除,堤坝特征仍然被保留。

随后,研究者们也对该算法进行了多次改进。Briese 和 Pfeifer(2001)提出了分层稳健线性估计滤波法是对迭代线性内插滤波算法的扩展,该算法采用了由低精度到高精度的分层次处理方式,首先确定一个粗糙的 DEM,根据权值函数判断地面点,并迭代加密 DEM。Kraus 和 Pfeifer(2001)对地形表面生成的过程做了改进,借鉴雨水在地面上流动的思想,分析出地形的顶点,通过消除顶点来获取更加平滑的地形表面。Lee 和 Younan(2003)提出了一种综合改进的线性预测和自适应滤波方法,用改进的线性预测方法滤波出地面参考点,用归一化的最小二乘法代替原来的最小二乘法进行自适应滤波处理,在有陡峭坡面或复杂地形表面的情况下取得了较好的滤波效果。张靖等(2011)提出了一种改进的线性预测滤波算法,通过对高程直方图的分析,在合理分块、粗差剔除、初始点选取、特殊地形分析四个方面进行了改进,使算法具有更强的适应性和更高的滤波精度。

3.2.6 移动曲面拟合滤波方法

移动曲面拟合滤波方法是基于约束曲面滤波方法的,其基本原理为:密集的激光脚点相互间的空间关系反映了地面的空间变化,任何一个复杂的连续空间曲面,在其局部范围内可利用一个简单的二次曲面去逼近拟合表达其高程，二次曲面表达式如下所示：

$$Z_i = f(X_i, Y_i) = a_0 + a_1 X_i + a_2 Y_i + a_3 X_i^2 + a_4 X_i Y_i + a_5 Y_i^2 \qquad (3-13)$$

当局部面元非常小时，甚至可以将其近似表达成一个平面，如下所示：

$$Z_i = f(X_i, Y_i) = a_0 + a_1 X_i + a_2 Y_i \qquad (3-14)$$

张小红（2002）提出了一种基于离散激光点来处理的移动曲面拟合滤波方法，将离散点进行二维排序后，先选取种子区域，选取种子区域内彼此临近的最低的三个点拟合一个平面作为初始拟合面；然后计算备选点与这个初始面的拟合高程值，若拟合高程值与观测高程值之差超过了给定的阈值，就将此点作为地物点滤除，反之，则接收为地面点；然后加入新的点重新拟合地形表面，重复进行外推筛选，当拟合点数达到 6 个，为保持点数不变，后续每新增一个地面点，就去掉最远（老）的点。由新的 6 个点拟合出二次曲面的参数，不断重复上述步骤，直到遍历整个测区的所有点。

移动曲面拟合滤波算法不需要预先剔除粗差，运算速度较快，能够很好地保留山地区域的地形顶点。该算法的核心是选取合适的高差阈值，与形态学滤波方法类似，若阈值选取过大，可能会保留一些矮小的地物点；如果选取过小，则会丢失部分地形特征。

苏伟等（2009）对移动曲面拟合算法进行了改进，提出了一种多级移动曲面拟合的滤波方法。该方法具体流程为：在一定尺寸的窗口内选择最低点，然后扩展到 4×4 范围同样大小的相邻窗口内再次寻找最低点，根据这 16 个最低点建立二次曲面多项式；根据地形起伏设定自适应的阈值，判断曲面内激光点到曲面的高差小于高差阈值则为地面点，利用移动曲面拟合完成整个区域的粗滤波；然后将窗口尺寸扩大，重新确定阈值，多次迭代计算不断细化地面模型。

孙崇利等（2013）提出了一种改进的多级移动曲面拟合 LiDAR 数据滤波方法。该方法首先预处理剔除粗差点和大部分建筑物侧面的无效回波点，再通过格网化分，建立数据索引，使相邻曲面保持一定的重叠度，利用最小二乘法求解拟合曲面参数，自动设置阈值后进行地面点与地物点的粗分类，然后改变格网的大小，重复多次迭代得到较准确的地形模型。

3.2.7　基于聚类/分割的滤波方法

基于聚类/分割的滤波方法与其他基于点的滤波方法有较大的区别，它不需要提前对地形和相关描述进行假设，通常利用几何、光学、统计特征等对点云数据进行识别。这种方法的出发点为：属于不同类别的脚点会被分割为不同的区域，这些区域分别代表了不同的地物类别；如果一个聚类块高于其邻域聚类块，则该聚类块内的点都判定为非地面点。

基于聚类/分割的滤波方法的主要步骤为：首先结合离散点云的特点，选取合适的方法进行点云去噪；再对去噪后的点云数据进行内插，生成规则格网数据；然后依据规则格网数据的特点，选取合适的算法对规则格网数据进行数据分割；最后，根据分割结果进行聚类分析，并考虑各类别之间的上下文关系进行数据滤波。首先，选取一种合适的点云去噪方法，去除点云粗差。然后，通过规则格网或不规则三角网（TIN）的方式有效地组织点云数据，并将点云数据内插格网化，生成距离影像（Range Image）。常采用的几何内插方法有泰森多边形法（又叫作最近距离法）和反距离加权法等。泰森多边形内插法的原理：将距离格网点最近的激光点高程赋给该格网点；反距离加权法的原理：离格网点近的点影响大，越远的点影响越小，贡献的大小与激光点到格网点的距离成反比。格网点的高程 Z 的计算公式如下所示。

$$Z = \frac{\sum\limits_{i=1}^{n} \frac{1}{(D_i)^p} Z_i}{\sum\limits_{i=1}^{n} \frac{1}{(D_i)^p}} \qquad (3-15)$$

式中，D_i 为第 i 个激光点到格网点的距离；Z_i 为第 i 个激光点的高程；n 为临近点的数量；p 为距离的幂，p 值对内插结果有一定的影响，p 值越大，内插的结果就越平滑。

格网化过程中，格网间距的大小关系到地貌特征的损失程度和重采样的误差大小。区域内激光脚点的密度决定了格网间距的大小，其计算方法如下所示。

$$S_{pc} = \frac{1}{\sqrt{n/s}} \qquad (3-16)$$

式中，S_{pc} 为格网间距；n 为激光脚点的总数；s 为点云数据区域的总面积。在实际应用中，格网间距往往采用整数，所以，S_{pc} 的值需要四舍五入后取整。

离散点云生成的距离深度影像与灰度图像具有相似性，因此，可以借鉴传统图像分割的技术方法，对 LiDAR 点云数据进行分割。目前主要的 LiDAR 点云数据分割方法有：基于边缘检测的方法、基于区域生长的方法、基于模式识别的方法、基于图的方法等。

如果采用基于边缘检测的方法进行分割，则要通过判断相邻点之间的高差值是否大于阈值来确定边缘点。对于规则格网数据，只需分别计算脚点与其周围 8 邻域范围内的脚点的高差来确定是否存在边缘，并标记该点与其 8 邻域点之间的关系。利用规则的格网数据可以构造沿 X 轴、Y 轴、45°、135°四个方向的伪扫描线，每条扫描线可构成一个剖面。沿剖面方向进行连通性分析，可以得到一段一段的剖面段的剖面分割结果，并建立各段之间的关系，进行标记。

由于地物的复杂性，单纯依据一个方向上的拓扑关系不足以充分表达地貌特征，因此需要将不同伪扫描方向上的分割结果进行聚类。这样就可以将剖面中的点聚类成点群数据块，依据数据块之间的拓扑关系进行滤波，可以充分考虑数据之间的上下文关系，比较真实地反映出地貌特征。因此，可以得出较为精确的滤波结果。

Sithole(2002)最早用分割的思想来区分地物点与地面点，首先根据一致性准则将具有相同性质的点聚合成若干小分割区，然后根据这些相邻小区域之间的高程差、平滑性等特征将地形分割区与地物分割区进行区分。Roggero(2002)提出了区域增长和主成分分析的分割方法，利用静力矩等几何特征对点云进行分类。Filin(2004)使用位置信息、拟合面参数，以及邻域点之间的高差等七个参数进行聚合分类；在此基础上 Filin 和 Pfeifer(2006)又引入了自适应的圆柱体邻域的方法分割点云数据。Tóvári 和 Pfeifer(2005)提出了一种基于分割的稳健内插滤波方法，先随机选择一个种子点，计算其邻域内的若干点构成面的法向量、点到面的距离、种子点与邻近点之间距离三个参数,如果满足一定阈值,则继续增长,直至没有点满足阈值,实现了点云的分割。蒋晶珏等(2007)提出了一种基于点集的聚类滤波方法,首先根据地貌特征分别设计了裸露地面、建筑物、植被及不确定对象相应的分类规则,然后直接从离散点云中提取出边缘信息,并设计了一种顾及地形的滤波算法。Forlania 和 Nardinocchi(2007)提出了一种分三步的自适应滤波方法,首先将原始激光点云内插为规则格网,将格网内最低点的高程值作为格网点高程值;然后采用自适应阈值的区域增长方法对格网数据进行分割,并根据分割区间的几何特性和拓扑关系对格网数据分类,标识出局外点、植被点、建筑物点和地形点;最后利用在格网中被标识为地形的点计算出分段近似表面,计算原始激光点到该表面的距离,如果小于指定阈值,就判断该点为地形点。

利用 DSM 数据进行分类是该方法的另一个发展方向,Jacobsen 和 Lohmann(2003)用 eCognition 软件对 nDSM 进行分割,以邻域分割块的紧密性为准则进行区域增长,实现最终 LiDAR 点云的分类。Schiewe(2003)提出了一种基于分割和融合的方法,分别从 DSM 和多光谱图像中提取特征,完成了 LiDAR 点云的滤波分类。之后 Rottensteiner 等(2005)将 Dempster-Shafer 理论应用于 LiDAR 数据与多光谱影像的融合分类,较好地提取识别出建筑物、高大植被、草地及裸地。

总体看来,基于聚类/分割的滤波方法在处理特殊的地形数据时有很好的效果,如有较大的房屋群、植被等,它们可以呈现出明显的区域,而基于区域的方法不直接在点上计算,而是在大的区域物体上计算,因此受噪声的影响较小。虽然该方法有这些优势,但在建立特征与聚类结果关系上仍然存在一定困难。

3.2.8　其他滤波方法

除了上面提到的常见滤波算法外,还有一些其他滤波方法,如:考虑机载 LiDAR 首末次回波或者多次回波的联合滤波方法(Raber 等,2002);融合点云强度信息的滤波方法(赖旭东和万幼川,2005);利用全波形信息参与滤波(Doneus 和 Briese,2006);基于活动形状模型与等高线的滤波方法(Elmqvist,2002);结合现势数据(断裂线等)的滤波算法(Badea 和 Jacobsen,2004);基于偏度平衡的无须阈值的滤波算法(Bartels 等,2006);融合光谱影像数据的滤波法(许振辉等,2011);等等。

总体上来看,任何一种 LiDAR 点云数据的滤波算法,都存在一定的适用范围和局限性,在实际生产中还需要大量的人工编辑辅助完成。一个效果好的滤波算法应当能够适应各种复杂的地形地貌条件,尽可能地减少滤波误差。目前,对点云数据滤波算法的研究还处于综合利用多种信息以提高算法适应性的阶段,并朝着自动化和智能化的方向发展。

3.3　滤波难点分析

地表地形与地物的多样性与复杂程度会影响 LiDAR 点云滤波算法的效果,适用于地形平坦的地区的滤波算法,在地形复杂的地区可能会失效,这也是 LiDAR 点云滤波的难点所在。根据 ISPRS 小组在 2003 年对常用滤波算法的测试报告(Sithole 和 Vosselman,2003a),LiDAR 点云数据自动滤波的难点主要体现在:粗差点、复杂的地物、附着地物、植被、不连续的地表等方面。以下逐一进行详细讨论。

3.3.1　粗差点

　　LiDAR 点云数据中的粗差点主要是指高程明显异常的点,与周围临近点的高程差较大,出现孤立的状态,分为极高粗差点(High Outliers)与极低粗差点(Low Outliers)。极高粗差点通常不属于地表地物点,而是由于激光束打到飞鸟、低空飞行物等空中物体上或者是反射回的错误数据,如图 3-9(a)所示。这类孤立点数量不多,且与周围点相比具有明显的高程突变,大部分滤波算法很容易将其作为非地面点滤除。极低粗差点通常是由于激光信号反射时的多路径效应或者设备错误造成的,如图 3-9(b)所示。极低粗差点对滤波算法的影响更大,因为大多数滤波算法都假设局部范围内的最低点为地面点,并将临近点与局部最低点的高程进行比较,将高程差超过某阈值的点判定为非地面点。因此,当点云中存在极低粗差点时,临近的地面点会被误判为非地面点,造成严重的滤波错误,会影响此处的 DEM 精度。在前面 LiDAR 点云数据预处理的点云去噪步骤中,应尽可能地去除所有粗差点,以减少粗差点对 Li-DAR 点云滤波的影响。

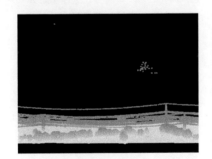 

(a)极高粗差点　　　　　　　　　　　(b)极低粗差点

图 3-9　粗差点三维展示图(彩图见附录)

3.3.2　复杂的地物

　　存在于地表的自然地物与人工地物的形态各异且结构复杂,很难用统一的标准来判定,给滤波带来了很大的困难,是干扰滤波质量的关键因素。这些因素主要有以下几种:

　　(1)大型地物:如面积很大的连在一起的建筑群,如图 3-10(a)所示。滤波算法通常设定一个邻域窗口,并将邻域窗口范围内的点云进行比较,如果设置的邻域窗口小于大型地物的尺寸,则该大型建筑物上的点无法被滤除。如果邻域窗口设置过大,会增加很多不必要的计算量,还需要考虑放宽阈值限制,导致一些低矮的地物无法滤除。

(2)小型地物：如果存在小型地物或者狭长地物，只有 10 个点或者更少的点，在结构上像孤立的点，但是其又不存在高程异常的特征，会造成对滤波算法的干扰，导致滤波结果出现细小尖锐区域。如图 3-10(a)所示。

(3)低矮地物：如小汽车、低矮的围墙、低矮的植被等，它们的高程与裸露的地面非常接近，很难通过滤波算法将它们与地面点区分开。还有一些台阶状的低矮平台，如图 3-10(b)所示，平台的一端与地面直接相连，很容易将整个平台误认为是地面的一部分。

(4)天井类地物：城市区域如果存在天井或者庭院，如图 3-10(c)所示，中间部分的地面与其他地面是分离的，很难通过算法确定该区域为地面。

(5)多层复杂地物：如图 3-10(d)所示的多层复杂构造的地物，在局部邻域内，地物与地物的关系、地物与裸露地面的关系，以及陡坎处裸露地面与陡坎下裸露地面的关系是相同的，很难用单一的模型去判断。

(a)大型、小型地物混杂   (b)台阶状的低矮平台

(c)天井   (d)多层复杂地物

图 3-10 复杂地物展示图

3.3.3 附着地物

附着地物是指一侧或者两侧与地面或者地物相连接的地物，如桥梁、坡道、舷梯、过道和斜坡上的建筑物等。桥梁延伸在地表间隙的两端，横跨道路、河流，两端与地面相连，中间部分属于地物(高于地面)，很难区分开来，如图 3-11(a)所示。行人天桥、楼梯过道等横跨建筑物与地面，或者在斜坡上的建筑物，屋顶一端高另一端低的情况，如图 3-11(b)所示，这类场景中的建筑物很难滤波识别。

（a）桥梁　　　　　　　　　　（b）复杂的建筑物

图 3-11　附着地物展示图（彩图见附录）

3.3.4　植被

地表上植被的种类繁多，形态各异，其激光点云的分布也无规律可言，通常基于高程来判断，假设植被点高于地面点。但当地形起伏较大时，这种假设就不成立了，因为斜坡上的植被点的高程也有可能低于地面点，如图 3-12（a）所示。还有一些非常靠近裸露地面的低矮植被，仅仅借助高程信息很难将其滤除，图 3-12（b）为斜坡上的低矮植被，很容易被当作地面点，造成滤波错误。

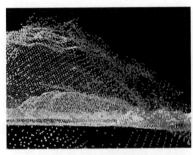

（a）斜坡上的植被　　　　　　　（b）低矮植被

图 3-12　附着地物展示图（彩图见附录）

3.3.5　不连续的地表

滤波算法通常会将不连续特征作为判断依据，如果遇到断崖、陡坎，如图 3-13（a）所示，就会将高处的部分当做地物点滤除掉，造成地面点的缺失；另外，陡峭的山脊也会产生同样的问题，如图 3-13（b）所示。

（a）断崖、陡坎　　　　　　　　（b）陡峭的山脊

图 3-13　不连续的地表（彩图见附录）

以上分析了 LiDAR 点云数据滤波常见的难点,实际应用中,应根据实验区内的地形起伏与地物的复杂程度,具体问题具体分析,尽可能地全面考虑,采用多种滤波参数来兼顾特殊地形和复杂地物,以保证滤波算法的鲁棒性和适应性。

3.4　融合多特征的 LiDAR 点云数据滤波方法

基于以上 LiDAR 点云数据滤波的难点与现有滤波方法的分析,本章提出一种融合多特征的 LiDAR 点云数据滤波方法。该方法充分利用了 LiDAR 点云数据的高程信息、多重回波信息、强度信息、光谱信息等多种特征,克服了传统滤波算法判断条件单一的缺陷,提高了算法的适应性。采用虚拟格网的方式来组织原始点云,不进行内插,减少了数据精度损失,并利用"金字塔"的思想构建多尺度虚拟格网,在滤波过程中逐级迭代执行,不断精化滤波结果,最终输出 DEM。

3.4.1　用于滤波的特征

根据 LiDAR 点云数据的特性,可以提取出相应的直接特征和间接特征用于辅助 LiDAR 点云数据滤波,主要包括:高程纹理、点云离散度、高程均值、多重回波、回波强度和光谱信息,以下分别详细阐述。

1.高程纹理

在图像处理中,纹理是一项重要的特征,表现为某一区域灰度或颜色等信息在分布上的规律性。而在 LiDAR 点云数据中,不同地物的点云的分布规律不同,同一地物的不同部位的表现特征也可能会有很大差异,而这些特征可以辅助对地物的分类识别。Maas(1999)利用 LiDAR 点云局部高程上的起伏变化,自动分割点云数据,识别出了建筑物、植被、道路等地物类别。Elberink 和 Maas(2000)认为,在局部范围内点云在高程上的变化以及由此产生的对比度、均匀性等特性即为高程纹理(Height Texture)。LiDAR 点云数据的高程纹理主要有以下几种定义方式:原始高程值、高程变化、地形坡度。

(1)原始高程值。原始高程值是点云三维坐标中的 Z 坐标值,是点云最基本的高程信息。依据原始高程值可以初步区分较低的地物(裸地、道路等)与较高的地物(建筑物、植被等)。

(2)高程变化。高程变化是局部邻域内点云高程最高点与最低点之间的差异,是对"窗口"范围内点云宏观上的表达。该特征对于较高的植被、建筑物边缘以及其他可穿透性地物敏感性强。高程差还可以通过计算首末次回波的高度差得出。

(3)地形坡度。"窗口"内相邻两点的坡度大小由 X、Y 分量方向的坡度决定,使用坡度特征可以有效地区分倾斜建筑物和水平建筑物、地表道路、植被等地物。

2.点云离散度

点云离散度(Dispersion,简写为 Dis)是反映局部点云表面平滑程度的指标。人工地物(如道路,楼顶)表面平坦光滑,其点云离散度很小;而植被等自然地物表面分布不规律,所以植被表面的激光点的离散度也会比较大。点云离散度的计算方法有主成分分析法(Pauly 等,2002)、高程均方差法等。局部点云的高程均方差表达了点云高程起伏的变化程度,是一种简单有效的离散度计算方法,如式(3-17)所示。

$$Dis = \sum_{i=1}^{n}(Z_i - \overline{Z})/n \qquad (3-17)$$

式中,n 为"窗口"内点的个数,$\overline{Z}$ 为"窗口"内点的高程平均值。

3.高程均值

"窗口"内点云高程的均值反映了"窗口"的整体趋势,相互比较可以体现邻域窗口间的空间关系,有助于分析"窗口"内点云的类别。高程均值一般采用加权平均的方法计算得出,根据激光点与最低点的高程差值的大小赋予相应的权值。将高程值与最低点相差较大的点赋予较大的权,反之,将高程值与最低点相差较小的点赋予较小的权。权函数的计算公式如式(3-18)所示,高程均值的计算公式如式(3-19)所示,P_i 为每个点对应的权值,Z_{ave} 为"窗口"内所有点云的高程均值,Z_{max} 为"窗口"内最大高程值,Z_{min} 为"窗口"内最小高程值。

$$P_i = \frac{Z_i - Z_{min}}{Z_{max} - Z_{min}} \qquad (3-18)$$

$$Z_{ave} = \frac{\sum_{i=1}^{n}(Z_i \cdot P_i)}{\sum_{i=1}^{n} P_i} \qquad (3-19)$$

4.多重回波

目前,新型的机载 LiDAR 设备大多数都支持记录多重回波(Multi-Returns)信息,根据3.1.2节所述的机载 LiDAR 多重回波的原理,可以通过回波数(Number of Returns)与回波号(Return Number)来表示多重回波特征。回波数为机载 LiDAR 系统所记录的激光回波次数,实际生产中,LiDAR 点云的大部分点为单次回波点,主要由裸露地表、建筑物屋顶,以及其他不可穿透的物体产生。多次回波多为高植被产生,也可能为建筑物边缘或者出现高程突变的地表产生。回波号由多次回波从首次回波到中间次回波,直至末次回波依次按顺序编号表示。多重回波信息有助于大部分的高植被点,只有单次回波与末次回波中包含地面点,基于多重回波的点云过滤如图 3-14 所示。

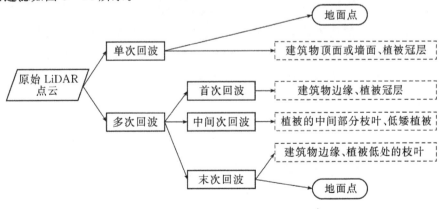

图 3-14　基于多重回波的点云过滤示意图

5.回波强度

目前,主流的大部分机载 LiDAR 系统也能够同时记录激光回波的强度信息,点云的强度信息主要反映了地物对激光的反射率,但容易受激光发射距离、入射角度、有效相交面积以及大气条件等许多不确定因素的影响,造成点云强度信息的不稳定性。由于多种干扰因素导致点云强度信息不能完全正确地反映地物目标的反射特性,这也是目前很难将点云强度信息直接用于点云数据的过滤与分类的原因。为了能够充分利用点云强度信息,必须对点云回波强度进行校正处理。回波强度信息的校正需要研究回波强度值与大气传输,激光透射、散射,激光入射角及扫描区地形影响之间的关系,将 LiDAR 系统记录的回波强度值校正为消除影响因素后真实反映地物反射率的强度值。目前激光回波强度信息的校正仍是一个较难解决的问题。

另外,不同回波次数也对点云强度有影响。具有多重回波的点云,由于发射一个激光脉冲收到多次回波,返回的能量被分散,因此获得的每个回波的强度值不能表达目标真实的回波强度,而只产生单次回波的激光点的强度数据才能反映地物介质对激光的真实反射率。在典型的高植被覆盖区,单次回波点云的强度明显高于多次回波点云的强度,所以应该将单次回波的强度数据与多次回波的强度数据分开处理。

虽然点云的原始回波强度数据的可用性不高,但经过校正后,通过预处理、去噪、拉伸等步骤,利用传统的图像分类方法,可以区分开强度差异较为明显的地物类别,作为多源数据的一种来辅助 LiDAR 点云数据滤波。点云强度数据的处理步骤包括:规则格网化;去除"粗差"和强度值异常点;强度值取整与拉伸。回波强度值往往不是整数,所以要进行取整操作,并拉伸至 $0\sim255$ 的范围内。本章采用线性拉伸法对点云强度值的分布范围进行变换,采用线性关系变换原始的点云强度值到新的点云强度值。设原强度值为 x,分布范围为 $[x_{min},x_{max}]$,变换后的强度值为 y,分布范围为 $[y_{min},y_{max}]$,则原强度值与变换后的强度值之间的对应关系(朱述龙等,2006)为

$$\frac{y-y_{min}}{y_{max}-y_{min}}=\frac{x-x_{min}}{x_{max}-x_{min}} \tag{3-20}$$

图 3-15(a)为点云数据的原始回波强度值,通过回波强度值的线性拉伸得到的强度值数据如图 3-15(b)所示,图 3-15(c)和图 3-15(d)分别显示了线性拉伸后的仅单次回波点强度和线性拉伸后的多次回波点的强度。在后续的基于回波强度的点云分类中将对这两种不同回波的强度分别处理。

（a）点云原始回波强度

（b）线性拉伸后的点云强度

（c）线性拉伸后仅单次回波的点云强度

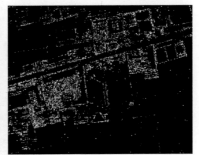

（d）线性拉伸后多次回波点云强

图 3－15 点云回波强度图像

6.光谱信息

机载 LiDAR 点云数据包含高精度的三维空间信息，能够快速地重建地表模型，但一般较难判定地物属性类别，特别是当密集植被与建筑物较为接近时，很难通过高程信息将其区分开来。机载 LiDAR 系统的 CCD 相机同步采集的高分辨率影像包含了丰富的纹理和光谱信息，与高程信息相结合，有助于点云数据的过滤与分类。

LiDAR 点云数据的光谱合成是将多光谱影像与 LiDAR 点云数据进行融合的过程，为每一个 LiDAR 点云匹配一个多光谱像元并赋值该像元的 RGB 值。LiDAR 点云数据与多光谱影像数据的融合可以采用坐标匹配的方法。激光雷达数据的每个点具有精确的三维坐标，而同机获取的 CCD 光谱影像通过几何校正和坐标转换，得到正射影像，并使其每个像素具有真实的二维平面坐标。然后将 LiDAR 点云与正射影像进行坐标匹配，每一个激光点将得到与其匹配的影像像元的 RGB 值，从而实现激光点云的光谱合成。如图 3－16（a）所示为原始点云数据，图 3－16（b）所示为点云光谱合成数据。

光谱信息用于 LiDAR 点云的滤波是利用典型地物的 RGB 光谱值对光谱合成后的 LiDAR 点云数据进行过滤，典型地物的 RGB 光谱值可以基于光谱影像利用传统的监督或非监督分类方法统计得出。

（a）原始点云数据

（b）点云光谱合成数据

图 3 - 16　点云光谱合成对比图（彩图见附录）

3.4.2　融合多特征的 LiDAR 点云数据滤波算法流程

　　融合多特征的 LiDAR 点云数据滤波算法的基本流程如图 3 - 17 所示，首先将去除粗差后的 LiDAR 点云与坐标匹配的光谱影像进行光谱融合，生成 LiDAR 点云光谱合成数据，并构建多尺度虚拟格网来组织数据；然后利用多重回波信息初步分离部分非地面点，在包含地面点的单次回波与末次回波的点集中，根据高程纹理特征和点云强度特征确定初始地面点；再利用格网的高程均值、点云离散度和光谱信息特征进行滤波。滤波过程中，通过改变格网大小进行重复迭代计算，进一步精化滤波结果，生成最终的 DEM。

1.多尺度虚拟格网的构建

　　本章采用虚拟格网的方式组织点云数据，并引入"多尺度"的概念，采用金字塔的方式构建不同尺度的多级虚拟网格，将所有点云数据包含其中，并按照 XY 坐标建立格网索引，有利于快速查询，提高处理效率，并且不需要重采样和内插，保留了所有原始点云信息，避免了精度损失。

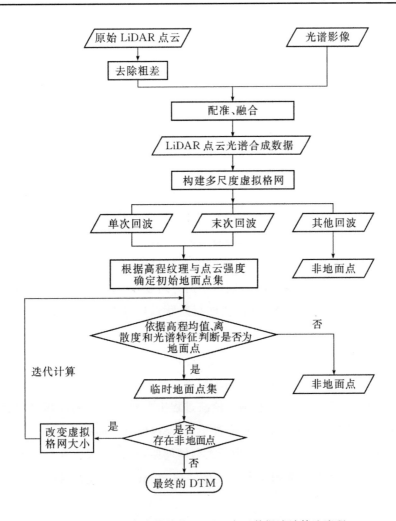

图 3-17 融合多特征的 LiDAR 点云数据滤波算法流程

虚拟格网属于体元的表达方式,如图 3-18(a)所示,将空间区域划分为若干底面长宽等距的立体块,每一个立体块为一个格网,其宽度为虚拟格网的间距。图中黑色点代表离散点云,根据点云的平面坐标 XY 将其分配到相应的格网中。图 3-18(b)为虚拟格网投影到 XY 平面的示意图,其中,颜色由深到浅的方格表示由小到大的多尺度虚拟格网。

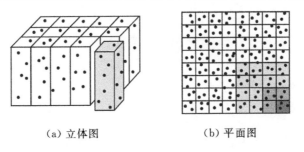

（a）立体图 　　　　　（b）平面图

图 3-18 多尺度虚拟格网示意图

设点云数据集为 $P = \{ \boldsymbol{p}_i \in R^d \mid \boldsymbol{p}_i = (x_i, y_i, z_i, r_i, g_i, b_i)^{\mathrm{T}}, i = 1, 2, \cdots, N \}$，其中，$\boldsymbol{p}_i$ 为每个激光点的属性向量，(x_i, y_i, z_i) 为激光点的三维坐标，(r_i, g_i, b_i) 为激光点的光谱信息，N 为激光点总个数。由 XY 平面上坐标的最大、最小值确定的范围及格网间距 C 就可以定义一个 $m \times n$ 的平面格网。m 与 n 的计算公式如式（3 - 21）所示。

$$m = (x_{\max} - x_{\min})/C + 1$$
$$n = (y_{\max} - y_{\min})/C + 1 \qquad (3 - 21)$$

这样每一个点都有对应的虚拟格网的索引号 index_i，为了记录索引号，可以将点云集扩充为：$P = \{ \boldsymbol{p}_i \in R^d \mid \boldsymbol{p}_i = (x_i, y_i, z_i, r_i, g_i, b_i, \mathrm{index}_i)^{\mathrm{T}}, i = 1, 2, \cdots, N \}$。

为了滤波算法的设计，需要构建的虚拟格网体元可以表达为：

$$V = \{ \boldsymbol{v}_{ij} \in R^d \mid \boldsymbol{v}_{ij} = (x_k, y_k, z_k, r_k, g_k, b_k, \mathrm{index}_k, \mathrm{indexIni}_k, \mathrm{class}_k)^{\mathrm{T}} \} \quad (3 - 22)$$

式中，v_{ij} 表示每个格网中激光点的属性向量及补充属性值；$\mathrm{indexIni}_k$ 为激光点在原数据集中的索引号；class_k 为激光点的类别；i, j 分别为格网行列号，$i = 1, 2, \cdots, n \quad j = 1, 2, \cdots, m$。

要确定数据集中任一点 (x, y) 所在的格网行列号 i, j，可以通过式（3 - 23）计算得到。

$$i = Int(x - x_{\min})/C$$
$$j = Int(y - y_{\min})/C \qquad (3 - 23)$$

格网间距的选择至关重要，一般格网间距根据点云密度来选择，如果格网间距设置太小，会导致部分格网中点云缺失，形成空格网。滤波过程中要将格网中的高程最低点作为地面种子点，最大尺度的格网中必须包含一个可靠种子点，要确保其中高程最低点一定为地面点。本章选用试验区域内最大建筑物的边长作为最大格网间距，再以最大尺度为标准以 2 的倍数递减构建下一级的小尺度格网。例如最大尺度格网为 80 m × 80 m，则构造下级格网的尺度为 40 m × 40 m，20 m × 20 m 等。

2.初始地面点集的确定

构建多尺度格网后，利用多重回波信息提取单次回波与多回波的末次回波点，并将其他回波的点判定为非地面点。单次回波与末次回波的点集中除了地面点，还包含有建筑物、植被冠层附件以及植被低处的部分点。利用高程纹理中的高程变化与坡度特征将建筑物与高植被冠层附近的点滤除，跟地面点较为接近的低植被点可以结合点云强度信息辅助区分，剔除低植被点后剩余的点作为初始地面点集。

为了保证地面种子点的可靠性，先从最大尺度虚拟网格中选取高程最低点作为初始种子点，利用该种子点对下一级尺度格网中的高程最低点进行筛选，依据坡度阈值逐级平滑处理，直到得到最小尺度格网的地面种子点。

3.融合多特征的滤波

最后，以最小尺度虚拟格网地面种子点为基准对整个数据集进行滤波处理，通过比较邻域格网的高程均值判断是否存在植被等非地面点。对于高程均值低于任一邻域格网高程均值的格网，可以判定为地面点，加入临时地面点集中；对于高程均值高于其邻域格网高程均值的格网认为存在植被等非地面点，需要进一步过滤。再利用点云离散度和光谱信息辅助判断格网中的低植被点，滤除非地面点。

将临时地面点集作为下一步滤波的初始地面点，改变格网尺度大小，重复上述步骤进行迭代计算，直到地面点集不再变化，停止算法，输出最终的 DEM。

3.4.3　实验与分析

利用 MATLAB 开发了本章提出的融合多特征的 LiDAR 点云数据滤波算法的实验平台，进行数据滤波实验。为了验证本章融合多特征的 LiDAR 点云滤波方法，选取了两处点云数据样本，数据一为国内某矿区，数据二为北美洲某矿区，实验数据详细情况如表 3 - 2 所示。

表 3 - 2　点云滤波实验数据详情

实验数据	点云数据				影像数据		
	数据量	点数	面积	点云密度	数据量	像素	分辨率
数据一	67.6 MB	2 475 264	1300 m×1000 m	1.9 pts/m²	91 MB	6113×5205	1 m
数据二	12.7 MB	464 227	330 m×310 m	4 pts/m²	9.2 MB	1626×1511	0.15 m

实验数据一的原始影像及点云数据与用本章方法滤波后结果的对比如图 3 - 19 所示，其中，地面点数 620 303 个，非地面点数 1 854 961 个。图 3 - 19(a)为数据一原始影像；图 3 - 19(b)为数据一原始点云数据；图 3 - 19(c)为滤波后只保留地面点的效果图；图 3 - 19(d)为滤波后由地面点生成的 DEM。

要检验 LiDAR 点云数据滤波方法是否有效，可以通过对滤波结果的比较来评价，分为定性评价与定量评价两个方面。定性评价即通过直观的视觉对比的方法来比较滤波前后的点云分布，或者比较原始 DSM 与滤波后的 DEM 的区别；定量评价则需要给出精确的参考数据，逐一比较每一个点判定的正确率，并给出基于数学统计的误差值或者精度值。

由于数据一所在区域地势较为平坦，地物类别也较为简单，所以可以通过定性评价的方式进行精度分析。选取数据一的局部区域，重点考察滤波复杂和困难的区域，对比滤波前后的点云分布，检验非地面点的滤除情况和地面点的保留情况；或者通过比较原始点云的 DSM 与滤波后生成的 DEM，检验 DEM 的效果是否符合真实情况。如图 3 - 20 所示为数据一局部区域的滤波效果的定性评价。

（a）原始影像数据　　　　　　　（b）滤波前点云

（c）滤波后地面点云　　　　　　（d）滤波后的 DEM

图 3－19　数据一滤波前后对比图（彩图见附录）

（a）滤波前的点云数据　　　　　　（b）滤波前的 DSM

（c）滤波后的点云数据　　　　　　（d）滤波后的 DEM

图 3－20　数据一局部点云滤波效果的定性评价（彩图见附录）

由图 3 - 20(a)与图 3 - 20(c)对比可以看出经过本章方法滤波后的所有非地面点,包括建筑物、树木等都被滤除,临近地面的低矮植被都被滤除,一些难以区分的草地植被可以借助光谱信息加以滤除。图 3 - 20(b)与图 3 - 20(d)对比得出,滤波前的 DSM 由于地物的影响而呈现为粗糙的表面,而滤波后地面点生成的 DEM 则看起来较为平滑,没有异常的凸起或凹陷的现象,与实际的地形特征吻合度高,说明本章提出的融合多特征的点云滤波方法可以达到理想的效果。

对实验数据二进行对比实验,分别利用传统的 TIN 滤波方法和本章提出的滤波方法进行滤波。滤波结果如图 3 - 21 所示,图 3 - 21(a)为数据二的原始影像;图 3 - 21(b)为数据二的原始点云数据;图 3 - 21(c)为利用 TerraScan 软件的 TIN 滤波算法得到的结果,其中地面点 176 781 个,非地面点 287 446 个;用本章方法得到的滤波结果如图 3 - 21(d)所示,分离出地面点 71 988 个,非地面点数量为 392 239 个。

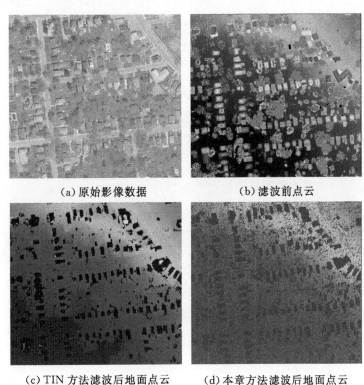

(a)原始影像数据　　　　　　　(b)滤波前点云

(c) TIN 方法滤波后地面点云　　　(d)本章方法滤波后地面点云

图 3 - 21　数据二滤波前后对比图(彩图见附录)

先通过定性评价进行分析,对比图 3 - 21(c)和图 3 - 21(d)可以直观地看出 TIN 滤波算法的结果不理想,有大量的非地面点没有剔除,被误分为地面点。再利用图 3 - 22(a)与图 3 - 22(b)两种方法滤波得到的 DEM 进行对比分析,可以看出本章方法生成的 DEM 较为平滑,更接近真实地表;TIN 方法滤波得到的 DEM 表面粗糙,有多处异常凸起,造成 DEM 失真,精度降低。由此表明,本章的滤波方法明显优于传统的 TIN 滤波方法。

（a）TIN 方法滤波的 DEM   （b）本章方法滤波的 DEM

图 3-22　数据二用两种方法滤波后的 DEM 对比图（彩图见附录）

　　另外还可以通过定量评价，通过数学统计方法得出精确的误差值。定量评价需要有完整的参考数据，参考数据中的每个脚点都经过了人工的精确标识，地面点与非地面点区分得非常准确。进行定量评价时，只需比较该方法对每个脚点的判别与参考数据中对应的脚点标识是否一致。

　　与参考数据比较后，点云的总个数 n 被分成四部分，如表 3-3 所示：a 为地面点被正确判断为地面点的个数；b 为地面点被误判为非地面点的个数；c 为非地面点被误判为地面点；d 为非地面脚点正确判断为非地面点。其中第二种情况 b 称为 I 类误差（Type I Error），又称作拒真误差（Omission Error），第三种情况 c 称为 II 类误差（Type II Error），又称作纳伪误差（Commission Error），而所有判断错误的点数除以总的点数称为总误差（Total Error）。

表 3-3　LiDAR 点云滤波误差统计

		滤波后数据		
		地面点（个数）	非地面点（个数）	
参考数据	地面点（个数）	a	b（I类误差）	$e=a+b$
	非地面点（个数）	c（II类误差）	d	$f=c+d$
		$g=a+c$	$h=b+d$	$n=a+b+c+d$

　　表 3-3 中，n 为 LiDAR 点云的总数；e 为参考数据中地面点的个数；f 为参考数据中非地面点的个数；g 为滤波后数据中地面点的个数；h 为滤波后数据中非地面点的个数。

　　I 类误差：Type I Error $=\dfrac{b}{e}\times 100\%$；II 类误差：Type II Error $=\dfrac{c}{f}\times 100\%$；总误差：Total Error $=\dfrac{b+c}{n}\times 100\%$。

　　在以上三类误差的基础上，还可以定义混淆矩阵。

　　总体/观测精度（Overall/observed accuracy）：$P_0=\dfrac{a+d}{n}$。

变化一致性（Change agreement）：$P_e = \dfrac{e}{n} \times \dfrac{g}{n} + \dfrac{f}{n} \times \dfrac{h}{n}$。

Kappa 系数：$\text{Kappa} = \dfrac{P_0 - P_e}{1 - P_e}$

Ⅰ类误差与Ⅱ类误差反映了算法的适应性，总误差则反映了算法的可行性，Kappa 系数越大，表明滤波效果越好，算法性能越高。因此，这些指标可以作为 LiDAR 点云滤波方法的定量评价标准。

要对数据二使用两种方法的滤波结果进行定量分析，首先需要选取样本作为参考数据，并利用经验知识通过手工的方式对样本中的点进行划分，以保证参考数据的正确性。本章将实验数据二的所有点云通过手工编辑的方式得到正确的样本数据：地面点为 75 438 个，非地面点为 388 789 个，采用表 3 - 3 的统计方法，得出数据二滤波结果的误差统计表，如表 3 - 4 所示。

表 3 - 4 中，G 代表地面点个数；N 代表非地面点个数；T 代表参考数据的总数；T' 代表滤波结果点的总数。由两种方法得到的滤波结果的误差统计可以看出，本章方法的Ⅰ类误差为 9.89%，优于 TIN 滤波方法的 10.77%；本章方法的Ⅱ类误差仅有 1.03%，比 TIN 滤波方法的 28.16%改善很大幅度；本章方法的总体误差也只有 2.47%，而 TIN 滤波的总体误差高达 25.33%；本章方法的 Kappa 系数 0.9076 明显优于 TIN 方法的 0.3962。实验结果表明，本章提出的融合多特征的 LiDAR 点云数据滤波算法能够大幅降低Ⅱ类误差，减少将非地面点误分为地面点的几率，同时也能很好地控制Ⅰ类误差，达到满意的滤波效果。

表 3 - 4　数据二滤波结果误差统计表

参考数据	TIN 方法滤波结果			本章方法滤波结果		
	G	N	T	G	N	T
G	67 314	8 124	75 438	67 980	7 458	75 438
N	109 467	279 322	388 789	4 008	384 781	388 789
T'	176 781	287 446	464 227	71 988	392 239	464 227
	Ⅰ类误差	Ⅱ类误差	总体误差	Ⅰ类误差	Ⅱ类误差	总体误差
误差	10.77%	28.16%	25.33%	9.89%	1.03%	2.47%
Kappa		0.3962			0.9076	

3.5　顾及几何特征的规则激光点云分割方法

三维激光雷达探测对象的表面空间信息是以点的方式表现出来的，点与点之间是分散布局的，彼此之间没有明显的空间拓扑关系的离散点，针对 LiDAR 点云数据离散、无直接拓扑关系的特点，点云分割是三维点云数据处理中的重要环节，由于复杂、不规则物体的扫描数据往往更加难以用统一的数学公式和计算机语言对其进行描述和表达,造成现在的数据分割主要通过人工或半人工方式得以完成,工作量庞大、耗时且效率低下。因此,本章通过建立有效的点云分割方法,根据邻近点拟合成目标表面所体现出的目标点的几何特征,将大量的点云数据分割成不同类型的点的集合,采用聚类的方法完成点云聚类,再根据不同类型数据的特征,运用相应的数学模型对点集进行三维重建。该方法有助于解决海量点云数据的存储管理及点云数据的高效分割过程中的技术难题,进而为基于点云数据的建筑物提取与重建奠定基础。

本章以八叉树空间划分方式对数据进行组织,结合 K 邻近搜索法获取目标点的局部邻近点,采用加权平均目标点相邻的三角面片法向量来估算单点法向量。基于投影欧氏距离拟合曲面求取曲率,量化了规则点云集的分割约束条件,采用法向量信息来进行平面点的提取,根据曲率在两个主方向上的差异性来识别和分割柱面和球面信息。

3.5.1 基于八叉树的点云数据空间划分

1.八叉树空间划分

空间八叉树(Octree)划分方法是平面四叉树方法在维度上的一个升级,目的是为了达到将复杂三维物体简化的目的。如图 3-23 所示,取一个立方体空间,将其在 6 个面的垂直中分面处进行空间 8 等分,得到了 8 个空间结构一致的子立方体,称为 8 个体元。依此类推,直至子节点符合划分条件后不再对其进行划分。在递归式的八叉树空间划分过程中,要判断每个级别中的子立方体中所包含的三维空间点的数量,如果数量为零,则该子立方体的空间划分到此结束,如果其数量不为零,则继续执行空间划分,直至满足应用需求。

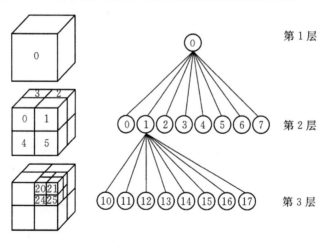

图 3-23 八叉树空间结构

八叉树空间划分方法思路清晰,结构简单,在点云数据处理中有两个主要优势:

(1)八叉树空间划分的存储方式使得数据按空间分开存储,提高了数据在调用时的效率,降低了内存的使用率。

(2)八叉树空间划分完成后,叶节点的访问及修改成本低。

2.八叉树划分流程

结合八叉树空间划分的思想和空间划分的终止条件,将八叉树的划分算法流程(如图 3-24 所示)归结如下:

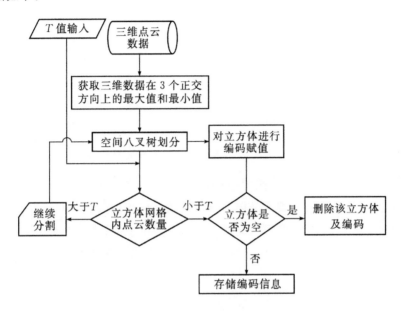

图 3-24　八叉树划分流程

(1)遍历整个点云集,查出点的坐标值在 3 个正交轴向上均为最大和最小的点,记作 $(x_{max}, y_{max}, z_{max})$ 和 $(x_{min}, y_{min}, z_{min})$。根据该点云集的空间跨度,选择合适的微分量 ρ,以上一步中的两点的坐标值为参照,对八叉树空间的边界进行微调,得出八叉树空间最终边界值 (x_m, y_m, z_m) 和 (x_n, y_n, z_n),根据边界坐标构建点云的最小空间体。

(2)对八叉树的根节点立方体进行首次八叉树结构划分,并依据前文所提及的空间编码方法和编码顺序对得出的 8 个空间子立方体进行八进制编码。并将各子立方体空间所包含的点云数据存储到其八进制编码所对应的集合中,建立空间点与子立方体的对应关系。

(3)选取合适的子立方体包含点数阈值 γ,对上一步中的 8 个子立方体进行判断,如果子立方体中点的数量大于阈值 γ,则将该子立方体当作根节点返回至步骤(2)进行第二级的划分,否则进行下一步。

(4)判断子立方体中点的数量,如果数量不为零,则确定子立方体编码与其内部点集的对应关系;如果数量为零,则该空间子立方体为冗余空间,空间不保存。

(5)反复迭代执行步骤(3)和(4),直至所有子立方体满足划分要求,那么点云的八叉树索引基本建立。

3.八叉树划分终止条件

现阶段主要形成两类分割终止的依据:一种是根据分割后子立方体的空间大小进行判断,即判断子节点立方体的体积或各边的长度,如果分割后子立方体的体积小于预先设定的阈值,或边长小于一定的阈值,则停止划分,否则继续进行迭代分割,直至该判断条件成立,八叉树空间划分得以完成;另一种方法是针对点云数据的空间划分而言,即基于子立方体中包含的点云数量的方法,以子节点中点的数量为判断依据,决定该子节点是否进行下一级别的划分。图 3－25所示是划分终止条件示意图。

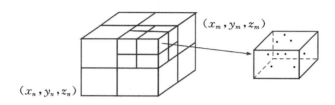

图 3－25　八叉树划分终止条件示意图

　　判断条件 $\gamma_{阈值}$ 的取值显得尤为重要,根据以往试验结果得知,如果 $\gamma_{阈值}$ 的取值太大,则分割没有到最优化,没有完美的体现八叉树划分的高效存储管理优势;如果 $\gamma_{阈值}$ 的取值过小,则必然使得空间八叉树产生的级别过深,同样影响索引速度,导致点云数据支离破碎,破坏其连贯性。$\gamma_{阈值}$ 的取值受点云密度的影响,同时也跟八叉树划分的深度有一定关系。

3.5.2　点云几何特征量解算

3.5.2.1　加权平均法求取法矢量

　　离散点云的法矢量是点在空间分布的重要特征,因此估算点的法向量成为点云分割过程中的一个重要环节。一些学者采用各种拟合算法,将 P 点邻域中的 K 个邻近点拟合成一个平面或曲面,并将曲面该点处的法向量或曲率作为该点法矢量信息的估算值;也有些学者利用最小二乘法将相邻点局部进行平面拟合,得到 P 点的一个微分切平面,由此切平面得到该点的法向量估算值。如图 3－26(a)、(b)、(c)所示,以上方法所得出的点的法线方向具有任意性,有些指向曲面内侧,有些指向外侧,对后续的法矢量的计算应用产生影响。本章改进一种方法,通过三角网格顶点排序的方法将法线方向归一化,然后通过加权平均方法来估算单点的法向量,如图 3－27 所示。

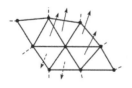 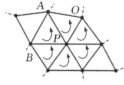 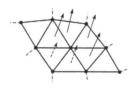

　(a)三角面片法向量　　　(b)三角面片顶点排序　　　(c)调整后的三角面片法向量

图 3－26　几种法向量求取方法图

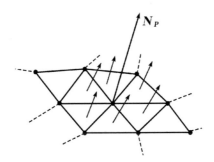

图 3 - 27　单点法向量估算

3.5.2.2　基于欧氏距离的局部二次曲面

局部地区点云的二次参数曲面表达形式如下：

$$r(u,v) = \sum_{j=0}^{2} \sum_{i=0}^{2} Q_{ij} u^i v^j \tag{3-24}$$

为了便于数学算法的表达与运算，将其转为矩阵表达式

$$r(u,v) = \begin{bmatrix} 1 & u & u^2 \end{bmatrix} Q \begin{bmatrix} 1 \\ v \\ v^2 \end{bmatrix} \tag{3-25}$$

式中，系数矩阵 $Q = \begin{bmatrix} Q_{11} & Q_{12} & Q_{13} \\ Q_{21} & Q_{22} & Q_{23} \\ Q_{31} & Q_{32} & Q_{33} \end{bmatrix}$，分别将 $r(u,v)$ 和系数矩阵 Q 写成分量形式得：

$$\left. \begin{aligned} r(u,v) &= \begin{bmatrix} x & y & z \end{bmatrix} \\ Q &= \{Q_{ij}\} = \begin{bmatrix} a_{ij} & b_{ij} & c_{ij} \end{bmatrix} \end{aligned} \right\} \tag{3-26}$$

已知目标点 P 及其局部逼近的 K 个邻近点坐标 (x_i, y_i, z_i)，$0 < i \leqslant k+1$，根据方程未知系数的个数，至少需要 9 个以上的已知坐标作为解算条件，即 $K \geqslant 9$，为便于方程简化，特引入以下几个矢量作为中间量：

$$\left. \begin{aligned} W &= \begin{bmatrix} u^0 v^0 & u^0 v^1 & u^0 v^2 & u^1 v^0 & u^1 v^1 & u^1 v^2 & u^2 v^0 & u^2 v^1 & u^2 v^2 \end{bmatrix}^T \\ a &= \begin{bmatrix} a_{00} & a_{01} & a_{02} & a_{10} & a_{11} & a_{12} & a_{20} & a_{21} & a_{22} \end{bmatrix} \\ b &= \begin{bmatrix} b_{00} & b_{01} & b_{02} & b_{10} & b_{11} & b_{12} & b_{20} & b_{21} & b_{22} \end{bmatrix} \\ c &= \begin{bmatrix} c_{00} & c_{01} & c_{02} & c_{10} & c_{11} & c_{12} & c_{20} & c_{21} & c_{22} \end{bmatrix} \end{aligned} \right\} \tag{3-27}$$

根据式（3 - 27），方程 $r(u,v)$ 的分量即可表示为：

$$x = W^T a, \quad y = W^T b, \quad z = W^T c \tag{3-28}$$

为了拟合出微分曲面 S，对目标点 P 及其邻近点进行插值，使得已知坐标的 $K+1$ 个点到该拟合曲面的欧氏距离 E 的绝对值取得最小值，数学表达方式如下：

$$E = Z - MQ \tag{3-29}$$

式中，MQ 是该面的数学量替换式；Z 是局部空间的 $K+1$ 个点，$Z = \begin{bmatrix} Z_x & Z_y & Z_z \end{bmatrix}$，

即：

$$\boldsymbol{Z}_x = \begin{bmatrix} x_0 \\ x_1 \\ \vdots \\ x_k \end{bmatrix}, \boldsymbol{Z}_y = \begin{bmatrix} y_0 \\ y_1 \\ \vdots \\ y_k \end{bmatrix}, \boldsymbol{Z}_z = \begin{bmatrix} z_0 \\ z_1 \\ \vdots \\ z_k \end{bmatrix}, \boldsymbol{M} = \begin{bmatrix} \boldsymbol{W}_0^{\mathrm{T}} \\ \boldsymbol{W}_1^{\mathrm{T}} \\ \vdots \\ \boldsymbol{W}_k^{\mathrm{T}} \end{bmatrix} \tag{3-30}$$

根据最小二乘原理的思想，可将式(3-30)表达的空间距离取平方值，使得这 $K+1$ 个点到拟合曲面 S 的欧氏距离的平方和最小，此时，得到基于欧氏距离最优的曲面表达式(如图3-28所示)。

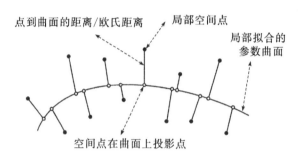

图 3-28 欧氏距离示意图

该方法是将目标点 P 及其邻近的总共 $K+1$ 个点分别投影到曲面 S 上，也就是计算这些点到曲面 S 的欧氏距离，然后将投影线段长度求平方和，根据最小二乘法求平方和的最小值，取得最佳的曲面系数，即为基于欧氏距离的局部最优二次曲面。

3.5.3 特征点云的分割

3.5.3.1 建立规则点云的约束条件

1.平面点云分割约束条件

平面点云分割约束条件为：

$$F(x,y,z) = ax + by + cz + d = 0 \tag{3-31}$$

(1)平面点云数据集中的点的法矢量应该具有一致的指向，考虑到系统误差及外界因素的影响，任何点与点之间法矢量的指向之间的夹角应该不超过一定的阈值。

(2)平面点云数据集中的所有点应该处在同一个平面模型中，并且一个点云集中点与其相邻点之间的距离不能超过一定的阈值。

(3)平面点的曲率理论值(Gauss 曲率和平均曲率)等于零，在实际点云数据中应该趋近于零。

2.圆柱面点云分割约束条件

圆柱面点云分割的约束条件式如下：

$$\left.\begin{array}{l}(x - x_0)^2 + (y - y_0)^2 = R^2 \\ Z \in (a, b)\end{array}\right\} \qquad (3-32)$$

由圆柱体的空间数学模型表达式(3-32),反推圆柱面点云的特征,得出如下结论:

(1)圆柱体侧表面点云的法矢量指向在空间上垂直于圆柱体的中心线,将一个圆柱体侧面的法矢量平移到同一个起点时,它的法向量会形成一个以平移到的点为圆心,以法向量的单位长度为半径的单位圆。

(2)圆柱体侧表面点云的曲率值为常数。其 Gauss 曲率值等于零,最大主曲率值为圆柱体的半径的倒数,是一个常数,最小主曲率值为零。

3.球面点云分割约束条件

球面点云的分割约束条件如下:

$$(x - a)^2 + (y - b)^2 + (z - c)^2 = R^2 \qquad (3-33)$$

由式(3-33)反推球面点云数据的特征,得出如下结论:

(1)球体表面的点云的法矢量在空间指向上都经过同一个点,将球体表面所有点的法矢量都平移到球体球心处,它的法矢量会形成一个以法矢起点为球心,以法矢量长度为半径的单位球体。

(2)球面点云数据的曲率值为一个常数。其最大主曲率值等于最小主曲率值,且该常数等于该球体模型的半径的倒数。

3.5.3.2　基于法矢量信息的平面点的识别与分割

经过基于邻近三角面片法矢量方向调整后的加权平均,得到了三维点的法向量,根据法向量特性,可以设置一定的限制条件来对平面点云进行分割。如图 3-29 所示,由平面的基本特征可知,平面点云必须满足以下两个条件:

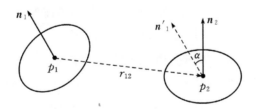

图 3-29　平面点云约束条件

(1)散乱点的法向量指向必须一致或在角度差一定的阈值区间内,即同向性。

(2)散乱点的局部拟合平面之间距离必须小于一定的阈值,即共面性。

3.5.3.3　球面与柱面点的识别与分割

离散点的单个特征往往不足以用来区分一类曲面点云,需要将多方面的信息相结合来归纳曲面的特征。三维点云的曲率信息主要包含某点的最大主曲率、最小主曲率及高斯曲率。曲率的计算,采用基于欧氏距离拟合曲面方法进行。

结合球面与圆柱面点云的曲率特征,采用合理的识别与分割条件,将两类曲面分割步骤总结如下:

(1)由空间八叉树划分构建索引,并获取种子点的 K 个邻近点坐标。

(2)采用局部二次曲面的参数方程式来表示该 $K+1$ 个点所表达的空间曲面,根据基于欧氏距离拟合的判断条件,将方程转变成 $K+1$ 个点到曲面欧氏距离的平方和最小的误差方程,利用最小二乘原理,$K+1$ 个坐标点为已知条件,来进行平差计算,得到最优的拟合曲面方程式,并解算各种曲率值。

(3)统计分析点云数据的最大主曲率、最小主曲率及高斯曲率值,采用 K 均值聚类的方式,选定一个合适的种子点,对 K 个邻近点进行均值聚类分析,将曲率特征一致的点汇集到属性一致的集合中,反复执行聚类操作,直至划分结束(见表 3-5)。

表 3-5　两种规则曲面的曲率特征

曲面类型	曲率特征			特征描述
	最大主曲率 K_1	最小主曲率 K_2	高斯曲率 K_G	
圆柱面	$K_1=1/R$	$K_2=0$	$K_G=0$	最大主曲率值等于 $1/R$,最小主曲率为零
球面	$K_1=1/R$	$K_2=1/R$	$K_G=1/R_2$	球面上各点的最大主曲率和最小主曲率均为一个常数 $1/R$

3.5.4　实验与分析

为了验证本章顾及几何特征的点云分割方法,特选取两类建筑物 LiDAR 点云数据进行对比实验。实验数据三:矿区某一平房地基点云数据,结果简单,结构层次特征分明;实验数据四:矿区某一高层楼房地基点云数据,多层结构,外立面复杂。

首先,进行预处理后,分别对数据三和数据四进行空间八叉树结构划分,形成的空间网格结构。根据空间八叉树网格结构划分算法流程,设定空间划分的终止阈值为 50,然后将立方体内点云数量为空的网格删除掉,得到最精简的八叉树空间结构,如图 3-30、图 3-31 所示。

图 3-30　数据三八叉树空间划分(彩图见附录)

图 3-31　数据四八叉树空间划分（彩图见附录）

接着分别进行点云的法矢量提取、规则点集分割与提取等实验,处理效果如图 3-32 至图 3-36 所示。

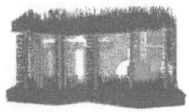

图 3-32　数据三点云法矢量提取（彩图见附录）

图 3-33　数据三规则点集的分割（彩图见附录）

图 3-34　数据三规则点集提取后的效果（彩图见附录）

图 3-35　数据四规则点集的分割（彩图见附录）

图 3-36 数据四规则点云提取后的效果(彩图见附录)

对两组数据分割后的不同类型面片进行统计,找出各类型数据中识别出的点云集数量,并逐一进行人工对比判断,统计分割出现错误的点集,结果见表 3-6 所示,相应对象的点云分割正确率曲线如图 3-37 所示。

表 3-6 数据三数据四点云分割提取结果对比

数据	分割	平面	柱面	球面
数据三 (平房)	识别出的数目	73	26	8
	错误数	14	6	3
	正确率	80.82%	76.92%	62.5%
数据四 (楼房)	识别出的数目	140	33	—
	错误数	35	12	—
	正确率	75%	63.64%	0

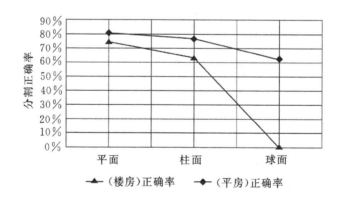

图 3-37 不同类型建筑物点云分割正确率曲线图

对不同类型建筑物点云数据的分割结果进行分析可知,总体上平面点云的分割效果较好,柱面和球面两种曲面点云的分割效果相对较差。纵向对比可以发现,多层楼房点云数据的分割结果普遍较差,这与数据的质量有关。楼房数据采集中,由于其建筑结构复杂,激光扫描点云有所缺失,以及外界人流与地物干扰等使得数据质量不高,而平房点云数据较为规则、理想、结构简单,数据质量好,其分割的正确率和识别数目较好。

通过实验结论分析可知,顾及几何特征的规则激光点云分割方法,利用八叉树空间网格划分的形式,根据点云的密度选取合适的分割终止条件,将离散型数据有序组织可以有效提高数据的查找与调用,利用八叉树的索引,对点云进行邻近值搜索,便于局部点云特征计算。采用加权平均的方法求解法矢量,该方法所估算的顶点法矢量精度可以满足要求,可以作为平面点云分割的法矢量依据,以局部点到拟合曲面的欧氏距离平方和最小为拟合条件,平差得出的曲面最能反映局部的曲面形状,所得出的曲率值效果最好。针对常见的几种面片形式,提出了基于几何特征的不同类型点云识别与分割的约束条件,通过结构不同类型的建筑物点云数据进行实验,证明了法矢量和曲率信息在点云数据分割中的重要性。

3.6　本章小结

LiDAR 点云滤波是 LiDAR 数据处理的关键的任务之一,滤波质量的好坏直接关系到后续数据处理的精度。本章从 LiDAR 点云滤波原理入手,分析滤波过程中的难点,结合现有滤波方法的适用范围与条件的局限性,提出了一种融合多特征的 LiDAR 点云数据滤波方法。该方法充分利用 LiDAR 数据自身的特征之外,还加入从影像数据中提取的光谱信息来辅助滤波,从而有效地剔除了近地面复杂区域的植被点,提高了整体的滤波精度。进一步以建筑物点云的分割为研究切入点,以八叉树空间划分方式对数据进行组织,结合 K 邻近搜索法获取目标点的局部邻近点,采用加权平均目标点相邻的三角面片法向量来估算单点法向量,基于投影欧氏距离拟合曲面求取曲率,量化了规则点云集的分割约束条件,采用法向量信息来进行平面点的提取,根据曲率在两个主方向上的差异性来识别和分割柱面和球面信息。实验结果表明:

(1)基于法矢量的平面点分割效果理想;

(2)基于曲率差异性的规则曲面点分割效果一般;

(3)基于几何特征的规则激光点分割方法合理可行。

第 4 章 融合 LiDAR 点云与影像数据的建筑物轮廓提取

经过机载 LiDAR 点云数据的滤波,所有的激光点被分成两部分点集:地面点集和非地面点集(地物点集)。地面点集中包含有裸露地面、道路以及地形信息等,可以用于生成 DTM 或 DEM;非地面点集中有建筑物、树木、草地、汽车以及其他地物等,后续的处理中,可以进一步地提取建筑物信息用于三维建模,提取植被信息制作专题图等。基于滤波结果的点云分类是将具有相同属性的点云按照一定规则划分为一个区块,用于辅助提取特定的某一类别,如建筑物、道路、植被等。

在复杂环境下,由于地物目标的复杂性和多样化,使得精确的点云分类识别技术难度增加。虽然点云数据具有精确的三维坐标信息,强度信息和反射特性等,仍然缺乏细致的纹理及拓扑关系信息,单纯依靠点云数据进行地物的自动分类识别的结果不是很理想。而同步采集的高分辨率遥感影像数据的细节丰富,纹理颜色表现真实,能够反映出地物的形状、尺寸、相邻关系等,利用这些信息辅助点云数据分类,可以改善分类结果,提高分类精度。本章对融合影像信息的 LiDAR 点云数据分类的方法进行研究,以提高建筑物点云分类提取的精度和效率。由于遮挡与阴影的存在,从影像中提取建筑物轮廓不完整且存在间断,从 LiDAR 点云数据中直接提取的建筑物轮廓信息也存在锯齿或细节拟合不够,本章综合利用两种数据的边界检测方法,优势互补,研究提出一种 LiDAR 点云与影像结合的建筑物轮廓提取方法。

4.1 现有 LiDAR 点云分类方法

目前成熟的全自动 LiDAR 点云分类软件并不多见,常用的 TerrainScan 软件只能进行半自动点云分类,且分类流程复杂,各步骤中涉及的参数繁多,只能根据先验知识人工尝试,自动化程度较低。早期大部分研究集中在依据点云数据高程信息、强度信息、回波信息等进行单一类别的点云提取,由于受限于 LiDAR 点云的几何特性,很难区分几何特征相似的地物。随着机载 LiDAR 技术的改进,能够同时采集影像数据,出现了融合影像信息的点云分类方法,在一定程度上提高了分类的精度。在分类方法的选择上,有的借鉴传统的图像分类方法,先将点云数据内插生成距离影像或者规则格网化,再利用最小距离法(MDM)、极大似然法(MLC)、基于聚类的非监督分类方法等进行地物分类,这类参数型算法需要一定的先验知识和设定复杂的参数阈值,这也限制了该类方法的适用性与扩展性。另外非参数型的方法也有所发展,如决策树分类(Matikainen et al,2007)、支持向量机(SVM)(Lodha et al,2006;Secord 和 Zakhor,2007)、人工神经网络(ANN)(乔纪纲等,2011)等,其中大部分是基于先分割后分类的思想。这类基于机器学习的非参数型分类算法已被证明在多源数据分类方面比传统的参数型方法有明显的优势(Benediktsson et al,1990),能够克服传统的参数型分类方法对多源数据支持不足的缺点。

由此可以总结出现有分类方法的不足之处,有以下几点:

(1)使用单一数据用于分类,或者特征不足以区分复杂多变的地物类型,容易造成误分类;

(2)将点云数据栅格化或内插成规则网格的过程中,会造成原始数据不可逆的信息丢失;

(3)采用先分割的方法,分割造成的误差会传递给最终的分类结果,且分割块中激光点越多,误分类的概率也越大;

(4)基于聚类的分类方法都要预先设定复杂的参数,且不同的参数会造成不同的分类结果,通常需要一定的先验知识并多次尝试比较,才能找到最优的参数。

针对现有分类方法的不足之处,本章提出一种基于特征加权支持向量机的多特征点云分类方法,直接基于离散点集的表达,提取点云的特征值,并融合影像的特征,基于支持向量机的机器学习分类方法,利用特征的权重进行改造,进一步提高分类精度。

4.2　基于点集的组织与索引

随着机载 LiDAR 系统的发展,采集的 LiDAR 点云的密度也不断提高,海量的无规则的点云的存储和组织也面临着挑战,高效的点云组织与索引方式可以大幅提高后续点云数据处理的速度和效率。目前常用的点云组织方式包括:规则格网、TIN、剖面、体元、基于点集的方式。规则格网组织方式是将点云划分为正方形的子块,按行列号进行快速索引,对较低密度的点云数据优势明显,点云数据规则格网化后转换为距离图像,有利于利用成熟的图像处理算法对其进行处理。但对点云高程值内插过程中,会造成原始数据的信息损失,会使真实地形特征变的平滑和模糊,引起数据误差。基于 TIN 的点云组织方式虽然能够保留原始点云的高程起伏和边缘突变的特征,但是构建点云之间的三角网比较费时,增加了数据处理负担。剖面和体元的组织方式在特定应用中才体现出自身的优势,需要根据具体的应用需求进行构造,过程较为复杂。

最直接的点云组织方式是基于离散点集的描述,无须进行内插处理,点云的特征直接来源于原始点集,最大限度地保留了原始的点云信息和属性。通常以"基元"的思想来定义点云数据的局部领域,可以方便地提取局部邻域的统计特征。

4.2.1　局部邻域的定义

局部邻域的定义方式分为两种:一种是定义为圆形或者矩形的"窗口"或者"网格",跟滤波过程中的"窗口"或者"网格"类似，窗口尺寸是由点云的平均密度来确定的，要保证"窗口"所在的立方块中包含有足够的点云，且也要保证点云的细节不会丢失。"窗口"尺寸 WS 的定义如式(4-1)所示，其中 l 为"窗口"边长，λ 为比例系数，d 为点云的平均间距，σ 为点云密度。可以看出"窗口"尺寸 WS 与点云平均间距 d 成正比，当点云密度 σ 固定时，"窗口"尺寸可通过调节比例系数 λ 来实现不同的特征提取。

$$
\begin{cases}
\text{WS} = l \cdot l \\
l = \lambda \cdot d \\
d = 1/\sqrt{\sigma}
\end{cases}
\quad (4-1)
$$

另一种是根据点云间的空间位置关系来确定局部邻域，相比于"窗口"定义的局部邻域，其表现形式更加复杂和多样化。设 P 为点集，指定一个点 $p \in P$，其局部邻域为指数集 N_p，定义为 $\{p_i \mid p_i \in N_p, i = 1, 2, \cdots, m\}$，其中每一个 p_i 都满足一定的邻域条件。邻域条件的设定应确保指数集 N_p 中全部的点能充分表达点 p 小范围内的局部曲面片，局部邻域的计算仅仅取决于点之间的空间位置关系。

1. ε-球邻域

由于离散点云之间不存在连接关系，只能利用点之间的欧氏距离来确定邻域。以样本点 p 为球心，以 ε 为半径画球体，所有落在球内的点都定义为点 p 的邻接点。如图 4-1(a)所示，球半径 ε 为固定值，该邻域定义方法不适用于不规则采样点云密度不一致的点云。点云稀疏区域 ε-球内可能点数太少，不足以充分表达局部曲面的特征；在点云密集区域，可能会使两个很靠近的面片的点被包含到同一邻域内，所以利用 ε-球来估计局部邻域适应性很差。

2. k 近邻点

将点集 P 中点依据其到点 p 的欧氏距离进行排序，选取 k 个距离最近的点构成点 p 的局部邻域，其描述如式(4-2)所示。

$$
\text{NH}_p = \{p_i \mid i = 1, 2, \cdots, k \| p_1 - p \| > 0, \text{且} \| p_j - p \| \leqslant \| p_{j+1} - p \|, j = 1, 2, \cdots, k-1\}
$$

$$(4-2)$$

NH_p 定义了一个以 p 为球心，以 $r_p = \| p_k - p \|$ 为半径的球体。虽然 k 近邻点也是通过欧氏距离来确定邻域的，但提供了一种变化的邻域关系，在点云稀疏区域，它所表达的邻域范围相对较大，而在采样密集区域，邻域范围相对较小。如果点的分布满足一定的采样标准，如尖锐特征处的点云较为密集，平坦特征处的点云相对稀疏，k 近邻点也能够很好地适应多种地形特征，本章采用 k 近邻点的方式定义局部邻域。

从图 4-1(b)来看，求解任一点 p 的 k 近邻点并不复杂，但在实际操作中，要保证落到球内部的点数大于或等 k，球半径 r_p 的选择并非易事。如果 r_p 选择过大，将导致计算冗余；如果 r_p 选择过小，球内点数小于 k 时，需增大 r_p 的值进行多次迭代计算，这些都会导致算法效率不高。BSP 邻接点和 Voronoi 邻接点的方法可以辅助 k 近邻点的计算，可以提高算法运行效率。

3.BSP 邻接点

如图 4-1(c)所示,BSP 邻接点是利用二元空间划分从 k 个最近邻接点中选出来的子集,设 B_i 为子空间,其描述为:

$$B_i = \{x \mid x \in N_p,且(x-q_i) \cdot (p-q_i) \geqslant 0\} \tag{4-3}$$

式(4-3)中,q_i 为 p 的第 i 个邻接点在切平面上的投影,则 p 的 BSP 邻接点可以定义为:

$$NH_p = \{q_i \mid q_i \in \bigcap_{j=1}^{k} B_j\} \tag{4-4}$$

4.Voronoi 邻接点

如图 4-1(d)所示,利用 Voronoi 图这一数学工具,可以从 k 个最近邻接点中选出仍能充分描述曲面局部邻域的子集。将点 p 及其 k 近邻 $\{p_i \mid i=1,2,\cdots,k\}$ 投影到切平面 T_p 上,得到 T_p 上的投影点 q 及其邻域 $\{q_i \mid i=1,2,\cdots,k\}$。设 V 表示投影点集的 Voronoi 图,投影点 q_i 的 Voronoi 单元 V_i 定义为:

$$V_i = \{x \in T_p \mid \| x-q_i \| \leqslant \| x-q_j \|, i,j=1,2,\cdots,k,j \neq i\} \tag{4-5}$$

设包含点 p 的 Voronoi 单元为 V_p,点 p 的 Voronoi 邻接点就定义为与 V_p 相邻的 Voronoi 单元 V_i 所包含的点,即满足 $V_i \bigcap V_p \neq \varnothing$ 的 Voronoi 单元 V_i 中所包含的点。Voronoi 图的计算是基于局部进行的,因此,Voronoi 邻接点的选择的速度较快。

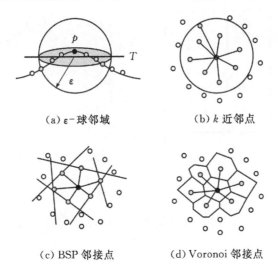

（a）ε-球邻域　　　　　　（b）k 近邻点

（c）BSP 邻接点　　　　　（d）Voronoi 邻接点

图 4-1　局部邻域定义的四种方法

4.2.2　k 近邻点快速查询

为了能够在海量点云数据中快速查询到需要的点,必须采用合适的数据结构来有效地组织点云数据。空间划分技术是常用的空间点优化查询工具,其思想是将空间划分为若干个单元,然后递归地划分下一级子单元,直到每个子单元所包含点数小于设定的阈值为止。空间划分算法的优点在于查询某个点时仅需读取与该点在同一个单元或附近单元的数据点,而减小了搜索范围,提高了整个数据搜索效率。三维空间中常用的空间划分方法有:规则格网、四叉树结构、层次包围盒、八叉树(Octrees)、二叉空间划分树(BSP 树)等。规则格网与四叉树结构只能适用于均匀分布的点云数据,对不均匀分布的数据适应性不好。层次包围盒与八分树结构是规则格网与四叉树结构在三维空间上的扩展,可以较好地适应不均匀分布的点云。BSP树与八叉树相比更加灵活,它对空间的划分不局限于中轴,可以构造出更加平衡的树型,因此查询效率更高。

kd-树最早是 Bentley(1975)提出的,是 BSP 树在多维空间上的扩展,它通过超平面将空间递归划分为两个子空间来实现搜索,本质上是二叉树的一种(管海燕,2009)。本章采用 *kd*-树结构来组织和管理 LiDAR 点云数据,实现 k 近邻点的快速查询。以下将详细介绍 *kd*-树的结构及算法过程。

1.*kd*-树的构建

kd-树的所有根节点代表了整个空间,二维情况下,整个空间为一个矩形,如图 4-2 所示;三维情况下,整个空间为一个立方体。树内部的每一个节点都与某个单元及某个坐标轴的正交平面相关联。平面将一个单元划分成两个子单元,分别对应树中的两个子节点。子节点单元被称作桶(bucket),所有的桶构成了对整个空间的表达。

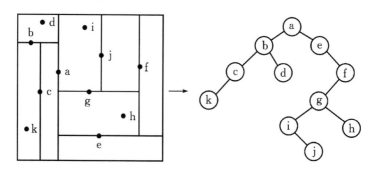

图 4-2　二维 *kd*-树构建示意图

kd-树的构建一般从根节点开始,利用自顶向下的递归方式,按照一定的划分规则选择分割平面,将整个空间分割成两个子单元,分别对应两个子节点,然后继续递归分割直到每个子单元包含的点的个数达到某个阈值为止。这个指定的阈值通常称为桶的大小(bucket size)。分割平面的选取规则有三种:标准规则、中点规则以及滑动中点规则,滑动中点规则与其他两种方法相比,能够避免琐碎的分割,具有最好的性能,也是本章所采取的的分割规则。滑动中点规则是对中点分裂规则的改进,首先以轴线的中点作为分割平面的位置,若数据点偏向一边,则移动中点直到遇见第一个数据点为止,如图 4-3 所示。该点位于分裂平面上,将它归入另一个子单元中,随后对剩余的子单元的划分就趋于均衡划分。

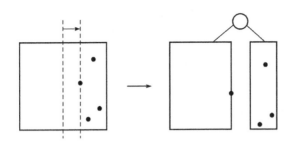

图 4-3　基于滑动中点规则的 *kd*-树构建

2.近邻点查询

kd-树构建好之后,就可以根据树型结构查询所需信息了,通常有两种查询需求:一种是范围查询,给定查询点 $p \in P$ 以及查询半径 d,要检索出包含在以 p 为球心,d 为半径的球内所有点;另一种是最近邻查询,即检索出点 $p \in P$ 周围的 k 个最近邻点。不管是哪种查询,首先要确定点 p 所在的子单元,从根节点出发,通过比较点 p 的坐标与分割平面的位置,决定进入左子树还是右子树,不断递归比较,逐步缩小子单元的范围,直至到达包含 p 点的子节点桶。

k 近邻点查询需考察包含点 p 的桶,找到与点 p 距离最近的 k 个点。由于相邻的桶也可能存在与点 p 的距离更近的点,所以还需检索其相邻桶中是否存在点 p 的 k 近邻点。假定已找到的第 k 个最近邻点与点 p 的距离为 d,以 p 为球心,d 为半径画球,与该球相交的桶就需要进一步考察,直至检索出与点 p 距离最近的 k 个点。如图 4-4 所示,与球相交的第Ⅲ、第Ⅳ单元需要进一步考察,也与Ⅱ单元相邻的第Ⅰ单元就无须再考察。

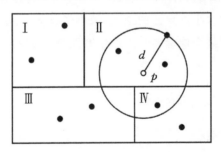

图 4-4　k 近邻点查询边界球示意图

利用(Mount 和 Arya,2010)提供的 ANN(Approximate Nearest Neighbor)算法库,进行 k 近邻点查询测试,*kd*-树算法的性能稳定,执行效率高,构建 *kd*-树的平均时间复杂度为 $O(n\log_2 n)$,n 为点集 P 中点的个数,查找 k 个近邻点的平均时间复杂度为 $O(k+\log_2 n)$。与规则格网的索引相比,*kd*-树的点云组织方式优势明显,能够很好地表达不均匀分布的点云数据。

4.3　分类特征的提取

在基于机器学习的模式识别系统中,特征的提取与选择是非常关键的步骤,特征的提取与后续的分类器的设计关系密切,决定了分类器的复杂程度和分类结果的好坏。选取的特征必须具有明显的区分意义,即来自同一类别的不同样本的特征值应该几乎相同,而来自不同类别样本的特征值应该差异明显。因此,选择并提取的特征必须是最具有鉴别能力的类别,并且这些特征对类别信息不相关的变换具有不变性。实际应用中,应根据应分类别的性质选择合适的特征,将这些特征向量输入分类器,可以达到减小数据量、降低数据分析的复杂度、提高分类精度和效率的目的。

对于本章融合影像的 LiDAR 点云数据分类的问题来说,首先要分析各个类别之间的特征差异,选择能够判定地物类别的决定性的特征作为特征向量,并分析其基于单点特征的计算与表达方式。特征选择的方法很多,但真实有效的样本数据对类别特征的分析有极大的帮助,同时丰富的先验知识也具有重要的作用。以下将分别介绍 LiDAR 点云与影像的特征分析及提取方法。

4.3.1　LiDAR 点云特征提取

LiDAR 点云数据是基于点集的表达,LiDAR 点云的特征也是针对单个点的特征,可以大致分为点云直接特征和点云间接特征两类。点云直接特征是指点云自身具有的特征,如高程、强度、回波次数等,这类特征的提取较为简单,可以在采集数据中直接读取。点云间接特征是指来自 LiDAR 点云数据的衍生特征,比如,点云局部统计特征、局部几何特征等,这部分特征通常需要通过特定计算转换才能得到。

为了便于直观地展示与分析离散点的特征,本章将提取的点的特征值内插为 256 级的灰度图像来显示。插值图像的大小由点云的最大、最小坐标确定,重采样分辨率与配准的影像一致,采用最邻近内插算法,即某个像素的灰度值由其距离最近的激光点的特征值来赋值,像素灰度值与特征值的转化关系由式(4-6)确定。

$$\text{Gray} = \frac{F - F_{\min}}{F_{\max} - F_{\min}} \times 255 \qquad (4-6)$$

4.3.1.1　点云直接特征

1.归一化高度(Normalized Height,NH)

归一化高度 NH 是指地物相对于真实地表的绝对高度。机载 LiDAR 直接采集的 DSM 与通过滤波得到的 DTM 或者 DEM 的差值,即为地物的绝对高度信息,也称作 nDSM,如下所示。

$$\text{nDSM}(x,y) = \text{DSM}(x,y) - \text{DTM}(x,y) \qquad (4-7)$$

严格意义上,式(4-7)只能作为经过内插后的规则格网数据的归一化高度,本章需要提取针对原始点的 NH 特征,其提取方法如图 4-5 所示。

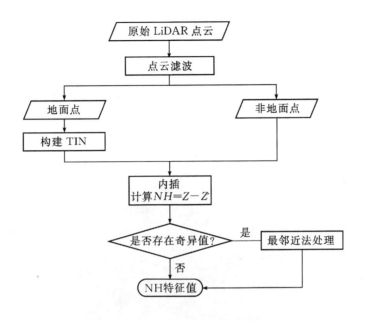

图 4-5　NH 特征值提取流程

　　首先通过点云滤波算法将地面点与非地面点分离,基于所有地面点构建 TIN 模型;依据每一个非地面点的平面坐标(x,y)内插出对应于地面 TIN 模型中的高程值 Z',用该非地面点的原始高程值 Z 减去 Z' 即为该点的 NH 值,计算公式为 $NH=Z-Z'$。原则上,地面点的 NH 值为 0,非地面点的 NH 值应大于 0,但由于滤波误差的存在导致出现部分 NH 异常的奇异点。对于 NH 出现奇异值的点采最邻近法处理:在该非地面点局部邻域搜索离它最近的地面点,然后将该点高程与该地面点的高程之差作为真实的 NH 值。如图 4-6 所示,图 4-6(a)为原始点云数据对应的影像,图 4-6(b)为提取的 NH 值。

(a)原始点云数据对应的影像　　　　　　(b)NH特征值

图 4-6　NH 特征值的提取(彩图见附录)

2.回波强度(Return Intensity,RI)

点云的回波强度是地物表面对激光信号的反射率的表达,虽然 RI 值受很多因素的影响,但经过标定和校正后,还是可以区分强度差异较为明显的地物类别的。单独利用 RI 特征很难精确地进行地物分类,但 RI 特征可以作为重要的辅助信息来判断混杂区域的点云分类问题,例如,地面附近的低矮植被点的识别,建筑物顶部与树木点的混杂区域的点云分类等。另外,某些特殊材质的 RI 值的差异也非常明显,比如道路上的汽车的强度值明显偏高,如图4-7所示。

图 4-7 RI 特征值

3.多重回波(Multi-Returns,MR)

由第 3 章点云滤波中的阐述可以看出,多重回波信息已经成为地面点、植被、建筑物边缘识别的关键特征,主要包括回波数(Number of Returns,NR)与回波号(Return Number,RN)两个基本特征。NR 用来区分单次回波与多次回波,如图 4-8 所示,单次回波 NR 值最低,显示为图中黑色区域,多次回波的次数越高,NR 值越大,可以看出高植被和建筑物边缘的 NR 值较大,表现为较亮的灰度值。RN 按多重回波中的首次到末次回波依次赋值,由图 4-8 可以看出高植被及建筑物边缘区域能够产生较大的回波号。

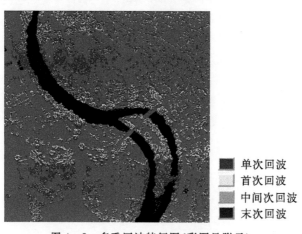

图 4-8 多重回波特征图(彩图见附录)

4.3.1.2　点云间接特征

1.高程标准差(Height Standard Deviation,HStD)

高程标准差是邻域范围内点云微观上的表达,可以有效地量化点与点之间的高程变化差异,反应局部邻域内点云的高程变化率。通常,平坦的地表及建筑物表面的 HStD 较小或者接近于 0;建筑物边缘、电力线等的 HStD 较大且呈一定几何规律,植被区域的 HStD 变化较大且呈现无规律性。HStD 的计算公式如下所示:

$$\begin{cases} \text{HStD} = \sqrt{\dfrac{1}{n-1}\sum_{i=1}^{n}(Z_i - \overline{Z})^2} \\ \overline{Z} = \dfrac{1}{n}\sum_{i=1}^{n}Z_i \end{cases} \tag{4-8}$$

式中,n 为"窗口"内点云个数;$\overline{Z}$ 为"窗口"内所有点云的高程均值。

根据高程标准差可探测点云对地形起伏的影响程度,在滤波过程中可提取那些对地形起伏贡献较大的点予以保留,从而最大限度地保持测区的地形起伏特征。

2.高程差(Height Difference,HD)

高程差(HD)特征与 HStD 特征类似,但计算方法不同,HD 值是通过计算邻域内最大最小高程之差得到,是对整个邻域高程的一种宏观反映,对植被和建筑物边缘较为敏感。HStD 和 HD 特征与"窗口"尺寸的大小关系极为密切,窗口过小会导致某些窗口中点数过少或没有激光点,此时需要调整比例系数 λ,来扩大"窗口"范围;若窗口过大则会造成特征不明显,导致分类误差增大。

3.局部曲面属性估计

基于局部邻域的曲面特征点因其具有很强的稳定性,常被应用于地物分类中。Huang 和 Menq(2001)利用三角网估算各点的法向量与曲率,并用于边界特征提取中。刘信伟等(2013)通过先对点云数据做平滑处理,然后再用拟合曲面的方法求得曲面极值点,进一步提高了提取特征点的精度。本章以 k 近邻点的方式确定局部邻域,通过法向量估计确定点云数据的局部几何特征。当给定 $p \in P$ 的局部邻域后,点 p 的局部曲面属性就可以通过对 p 邻接点的统计分析来进行估计。法向量和曲率是两种较为常用的特征,本章还加入了规则性、一致性、平整性和分布性四种局部几何属性。

(1)法向量估计

法向量估计,也称作法线估计,即求解点云中每个激光脚点的法线。

设样本点 $p \in P$ 的邻域为 $\text{NH}_p = \{p_1, p_2, \cdots, p_k\}$,$\overline{p}$ 为邻域质心。即:

$$\overline{p} = \frac{1}{k}\sum_{i=1}^{k}p_i \tag{4-9}$$

式(4-9)中,k 为 k 近邻点的数目。局部邻域中样本点 p 的协方差矩阵为一个 3×3 的矩阵

C,定义为:

$$C = \begin{bmatrix} p_1 - \overline{p} \\ \cdots \\ p_k - \overline{p} \end{bmatrix}^T \begin{bmatrix} p_1 - \overline{p} \\ \cdots \\ p_k - \overline{p} \end{bmatrix} \qquad (4-10)$$

通过累加点 p 的邻域内 k 个最近邻点到质心 $\overline{p}$ 在三个分量方向的平方距离,协方差矩阵 C 即可代表这些样本点分布的统计特征。

考虑协方差矩阵的特征向量为:

$$C \cdot v_j = \lambda_j \cdot v_j, j \in \{0,1,2\} \qquad (4-11)$$

式中,C 为一个对称的半正定阵,因此所有的特征值 λ_j 都是实数值,特征向量 v_j 则构成正交坐标系,且分别对应于邻域中样本点集的三个主要分量。相应的特征值 λ_j 反映的是邻域内样本点 $p_i = (1,2,\cdots,k)$ 沿对应特征向量方向的变化情况。

假定 $\lambda_0 \leqslant \lambda_1 \leqslant \lambda_2$,存在平面 $T(x) : (x - \overline{p}) \cdot v_0 = 0$,此平面通过质心 $\overline{p}$,且使得点 p 的邻接点到该平面的距离平方和最小,也可以认为平面 $T(x)$ 是曲面在点 p 处的切平面的逼近。因此,向量 v_0 可近似地看成是逼近点 p 处曲面的法线 n_p,则向量 v_1 和 v_2 在点 p 处生成了曲面的切平面。

(2)曲率估计

曲率(Curvature,C)是可以用来反映局部曲面上某处变化的剧烈程度。如果已经正确地估计出样本点在邻域内的法线特征,那么就可以利用法线特征估计出该点的曲率特征。通常曲面的曲率有以下几种:平均曲率、Gaussian 曲率、均方根(Root Mean Square,RMS)曲率和绝对曲率。设 k_1,k_2 分别为曲面上点的最大、最小主曲率,则四种曲率可依次定义为:

$$\begin{cases} C_1 = (k_1 + k_2)/2 \\ C_2 = k_1 \cdot k_2 \\ C_3 = \sqrt{(k_1^2 + k_2^2)/2} \\ C_4 = | k_1 | + | k_2 | \end{cases} \qquad (4-12)$$

根据前文,通过分析某一样本点在 k 近邻域内的协方差矩阵可以得到该点的法线估计,同样采用类似的方法可以对这些法线进行新的协方差矩阵的计算。设样本点 p 的 k 个最近邻点的法线分别为 $n_1,n_2,\cdots,n_k,\overline{n}$ 为法线均值,则新的协方差矩阵为:

$$C' = \begin{bmatrix} n_1 - \overline{n} \\ \cdots \\ n_k - \overline{n} \end{bmatrix}^T \begin{bmatrix} n_1 - \overline{n} \\ \cdots \\ n_k - \overline{n} \end{bmatrix} \qquad (4-13)$$

假设矩阵 C' 的特征值满足 $\lambda'_0 \leqslant \lambda'_1 \leqslant \lambda'_2$,对应的特征向量分别为 v'_0,v'_1,v'_2。根据 Michael(1999)对微分几何框架下法向量的协方差矩阵分析的结论,如果选择合适的主方向 v'_0,v'_1 构成局部坐标系,那么矩阵 C' 变成一个对角矩阵。矩阵 C' 的对角项可简化为:

$$\begin{cases} a_{11} = \dfrac{4}{3}\varepsilon_1^3 \varepsilon_2 k_1^2 \\[2mm] a_{11} = \dfrac{4}{3}\varepsilon_1 \varepsilon_2^3 k_2^2 \\[2mm] a_{11} = 4\varepsilon_1 \varepsilon_2 - \dfrac{2}{3}\varepsilon_1 \varepsilon_2 (\varepsilon_1^2 k_1^2 + \varepsilon_2^2 k_2^2) \end{cases} \qquad (4-14)$$

式中，ε_1，ε_2 是任意小的常量。对角阵 $\boldsymbol{C}'$ 对角线上的项就是 $\boldsymbol{C}'$ 的特征值，坐标轴就是相应的特征向量。对于样本点 p 的任意小的曲面区域，矩阵 $\boldsymbol{C}'$ 的两个最小特征值 λ'_0，λ'_1 分别与点 p 处的主曲率 k_1，k_2 的平方成正比，对应的特征向量 $\boldsymbol{v}'_0$，$\boldsymbol{v}'_1$ 分别逼近点 p 处的最小和最大曲率方向。由此，平均曲率、Gaussian 曲率、RMS 曲率、绝对曲率的估计如式（4-15）所示，其中 ε 为任意小常量。

$$\begin{cases} C_1 \approx \varepsilon \cdot (\sqrt{\lambda'_0} + \sqrt{\lambda'_1})/2 \\[2mm] C_2 \approx \varepsilon \cdot \sqrt{\lambda'_0}\sqrt{\lambda'_1} \\[2mm] C_3 \approx \varepsilon \cdot \sqrt{(\lambda'_0 + \lambda'_1)/2} \\[2mm] C_4 \approx \varepsilon \cdot (\sqrt{\lambda'_0} + \sqrt{\lambda'_1}) \end{cases} \qquad (4-15)$$

LiDAR 数据为三维离散的不规则点云，地物表面是由点集表示的，可以看作是由许多小的曲面片组成，因此，局部曲面的曲率是地物类型几何特征的描述，可以用于辅助识别曲面片的类别。比如，道路大部分情况下表现为一个完整的平面，建筑物通常由多个不同方向的平面片组成，这两种地物的局部曲率变化较小；而在植被区域的点云分布表现出显著的不规律性，其局部曲率变化较大。本章将曲率（C）特征作为点云数据分类的重要几何特征之一。

（3）规则性（Regularity，REG）

样本点 p 到其质心 $\bar{p}$ 的距离即为点云的规则性（REG），计算公式如式（4-16）所示。显然，位于平坦表面的点云具有较高的 RL，如道路、建筑物顶部等；而植被区域的表面的规则性较低。

$$\mathrm{REG} = \| p - \bar{p} \| \qquad (4-16)$$

（4）一致性（Consistency，CON）

通过式（4-10）所示的协方差矩阵的分析可知，当特征值 $\lambda_0 \leqslant \lambda_1 \leqslant \lambda_2$ 时，λ_0 所对应的特征向量 $\boldsymbol{v}_0$ 逼近样本点 p 处的法向量。由于机载 LiDAR 是从高空向下扫描的，道路和建筑物顶部的法向量基本上垂直于其所在的平面，而其他地物点则不具备这个特征。本章用法向量与 XY 平面的夹角来定义点云空间分布的一致性，如式（4-17）所示。其中 $\boldsymbol{n}_x$，$\boldsymbol{n}_y$，$\boldsymbol{n}_z$ 为法向量的三个分量，θ 的取值范围为 $\left[-\dfrac{\pi}{2}, \dfrac{\pi}{2}\right]$，为了使提取的特征效果更加明显，通常 CON 取绝对值。

$$CON = \theta = \mathrm{arctg}\left(\frac{\boldsymbol{n}_z}{\sqrt{\boldsymbol{n}_x^2 + \boldsymbol{n}_y^2}}\right) \qquad (4-17)$$

（5）分布性（Distribution，DIS）

根据式（4-13）对法向量新的协方差矩阵 C' 的分析，求得 C' 的特征值 λ'_0，λ'_1，λ'_2，然后计算张量的全方差变量，即为点云的分布性特征，如式（4-18）所示。该变量反映的是点云法向量的变化程度，比如建筑物顶部的点云法向量变化程度小于植被点，也就是说，植被区域点的分布性较大。

$$DIS = \sqrt[3]{\prod_{i=0}^{2} \lambda'_i} \qquad (4-18)$$

（6）平整性（Evenness，EVE）

平整性特征和曲率特征类似，也能反映曲面变化的剧烈程度。由式（4-11）及 $\lambda_0 \leqslant \lambda_1 \leqslant \lambda_2$ 的假设，λ_0 度量的是点 p 的邻域沿曲面法线方向的变化，即邻接点 p_i 偏离切平面 T_p 的程度。总体的偏离程度可以由从质心 $\overline{p}$ 到 p_i 的距离平方和计算得出，如式（4-19）所示。

$$\sum_{i=1}^{k} |p_i - \overline{p}|^2 = \lambda_0 + \lambda_1 + \lambda_2 \qquad (4-19)$$

在 k 近邻域的情况下，点 p 的曲面变化可定义为：

$$\sigma_k(p) = \frac{\lambda_0}{\lambda_0 + \lambda_1 + \lambda_2} \qquad (4-20)$$

当 $\sigma_k(p) = 0$ 时，说明所有的点都在切平面上；当这些点在各个方向上的变化都一样时，其曲面变化达到最大值 1/3。由此可知，$\sigma_k(p)$ 即为点云的 EVE 特征。

以上 C，REG，CON，DIS，EVE 五个特征都是在 k 近邻域的法线估计的基础上计算得出的，他们一起统称为法向量（Normal Vector，NV）特征。

4.3.2 影像特征提取

随着机载 LiDAR 系统硬件设备的不断改进，搭载的光学传感器也越来越先进，可以同步采集高分辨率的多光谱影像，有的是 R-G-B 波段组合的真彩色影像，而有的是 IR-G-B 波段组合的彩红外影像。由于影像包含的信息非常丰富，这里只选取具有代表性的几种主要特征，包括红（R）、绿（G）、蓝（B）、红外（IR）波段的直接光谱像素值以及各波段的均值，再加上识别植被较为敏感的归一化差异植被指数（Normalized Difference VegetationIndex，NDVI）特征。需要指出的是为了能准确提取激光点对应的影像特征，LiDAR 点云数据与影像数据必须是经过严格配准的。

4.3.2.1 影像的直接光谱特征

影像的直接光谱特征，通常就是指影像的像素值，但对应到各个波段像素值不同，不同波段对地物的响应也不同，所以要分波段提取光谱特征。图 4-9 所示为彩红外影像对应的三个波段的光谱特征。

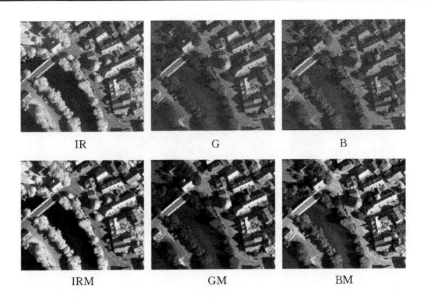

IR　　　　　　　G　　　　　　　B

IRM　　　　　　GM　　　　　　BM

图 4-9　影像的直接光谱特征

在传统的图像处理领域，像素值可以很容易地按波段提取，但是要将像素值赋给对应的点云，则需要根据点云的 XY 坐标将点云投影到配准过的正射影像上，然后采用图像差值法获取点云所在位置的像素值。图像插值是为了计算图像中非格网点处的像素值。数字图像是对模拟图像的网格采样，只有格点处有准确的像素值，而激光点投影到影像空间中，可能不是正好落在格网点上，为了得到激光点在影像上的像素值就有必要进行图像插值。本章采用最近邻插值法进行图像插值，将输出插值得出的像素值赋值给对应的激光点。除了 R、G、B、IR 外，另外分别提取他们的均值，表示为红波段均值（RM）、绿波段均值（GM）、蓝波段均值（BM）、红外波段均值（IRM），计算像素均值特征时局部邻域"窗口"大小选择为 3×3。

4.3.2.2　NDVI 特征

植被是地表覆盖很常见的一种地物类别，由于植被分布特征的复杂性，也导致植被的识别较为困难。虽然绿光波段、红光波段以及红外波段都对植被较为敏感，单纯依靠单波段的数据来提取植被信息仍存在很大的局限性。"植被指数"是一种有效的识别植被信息的因子，利用波段间的运算建立的植被指数，在增强植被信息的同时，最小化了非植被信息的干扰。效果最明显，应用最多的是归一化差异植被指数（NDVI），计算公式如式（4-21）所示，DN_{NIR} 为近红外波段的像素值，DN_R 为红光波段的像素值，如图 4-10 所示。

$$NDVI = (DN_{NIR} - DN_R)/(DN_{NIR} + DN_R) \tag{4-21}$$

图 4 - 10　NDVI 特征

4.4　融合影像特征的建筑物点云分类提取

支持向量机(Support Vector Machine,SVM)是一种基于统计学习理论的机器学习方法,自 Cortes 和 Vapnik(1995)正式提出以来,已经广泛应用于多个领域。SVM 方法根据结构最小化原则,综合考虑经验风险和置信范围,寻找最小化风险上界的最优分类超平面作为判别函数进行分类,因其具有强大的学习能力和泛化推广能力,已成为目前研究的热点。

4.4.1　SVM 分类原理及流程

SVM 采用结构风险最小化(Structural Risk Minimization,SRM)替代传统机器学习算法采用的经验风险最小化(Empirical Risk Minimization,ERM),在最小化样本误差的同时缩小了泛化误差。结构风险最小化提出了一种新的原则:将函数集看成具有一定的结构,并由一系列嵌套的函数子集组成,使各函数子集按其 VC 维(Vapnik-Chervonenkis Dimension)的大小顺序排列;进一步在函数子集中找到最小的经验风险,并考虑子集间的置信范围与经验风险之和,达到真实的风险最小。从分类的角度来看,SVM 是一种广义的线性分类器,是在线性分类器的基础上,通过引入结构风险最小化原理、最优化理论和核函数演化而成。

对于非线性问题,SVM 利用核函数的方法来解决,利用满足 Mercer 理论的某一核函数将非线性变换转化为高维数据空间的线性问题,变换空间求最优分类超平面。常用的满足 Mercer 定理的核函数有四种:线性核函数、多项式核函数、径向基核函数(RBF)和 Sigmoid 核函数,选用不同的核函数可构造不同的 SVM。

本章选取分类能力和适应性较好的高斯 RBF 核函数,其表达形式以及对应的 SVM 分类函数如式(4 - 22)所示,

$$K(x,x') = \exp(-\gamma \parallel x - x' \parallel^2)$$

$$f(x) = \text{sgn} \left\{ \sum_{xi \in SV} \alpha_i y_i \exp(-\gamma \parallel x - x' \parallel^2) + b \right\}$$

$$(4-22)$$

式中, $\gamma > 0$ 为核函数尺度参数。

确定好使用 RBF 核函数的非线性 SVM 模型后, 分类参数的选择会直接影响 SVM 的性能及分类结果, 寻找最优的参数是 SVM 分类过程中关键的一步。RBF-SVM 分类器具有惩罚因子和 RBF 核参数 (C, γ) 两个必需的参数, 若参数选择不当, SVM 在训练时可能会出现欠学习或过学习现象, 导致分类结果的正确率下降。为了得到最佳的 (C, γ) 参数, 使 RBF-SVM 分类器能够对未知数据(即测试数据)做出准确地预测(分类), 我们采用交叉验证的方法。通常将数据集分成两部分, 其中一部分假设是"未知"类别, 这样从"未知"数据集上获得的预测精度可以更准确地反映出分类器在独立数据集上的性能。

V 折交叉验证选择最优参数的具体的做法为: 将训练样本集被分成大小相等的 V 个子集, 将其中一个子集作为测试集, 用于检查分类精度。其他 $V-1$ 个子集作为训练集, 进行 SVM 分类。保证所有子集的组合都运行过一次, 直到每个子集都被用于检查和训练, 最后计算对于这组 (C_i, γ_i) 参数下的交叉验证精度(CVA), 即所有子集中被正确分类的点数与训练样本总点数的百分比。选择 CVA 最高的 (C_i, γ_i) 作为最优参数。改变 (C_i, γ_i) 值的过程中, 一般使用基于指数的增长方式, 如: $C = 2^{-6}, 2^{-4}, \cdots, 2^{10}; \gamma = 2^{-11}, 2^{-9}, \cdots, 2^3$。

寻找参数的搜索过程是一个比较耗时的过程, 通常采用相对简单的格网搜索法, 由于只有两个参数, 容易实现并行化处理来加快速度。格网搜索的过程为: 首先确定参数 C 和 γ 的取值区间, 设定两者的搜索步长, 得到 m 个 C 值和 n 个 γ 值, 将这个参数组合得到 $m \times n$ 组 (C_i, γ_i), 分别计算其精度用于交叉验证。在大块区域进行搜索时, 首先使用一种粗糙网格搜索, 在确定了网格中一个"好区"后, 再在该区域进行精细搜索。采用由粗到细的网格搜索方法有助于进一步提升大数据量情况下的运行速度。

一个完整的分类识别系统通常包括: 样本数据采集、特征提取与选择、模型选择、分类器训练以及评估等几个主要步骤。在这一过程中, 首先获取用于训练和测试的样本数据, 原始样本数据的特点影响后续的特征提取与选择以及模型选择, 训练分类器的目的是为了确定分类参数, 而分类器的评价可以对结果加以修正, 以得到满意的最终结果。基于以上对 SVM 原理的分析, 完整的 SVM 分类的一般流程如下:

1. 获取原始数据

原始数据的质量好坏决定了能够识别出的地物类别, 所以原始数据必须是精确的, 并经过预处理。如果是多种数据源, 需要预先进行配准操作。

2. 确定待分类别

根据原始数据特性, 分析能够提取和识别的类别, 类别信息与特征提取密切相关。

3. 选取训练样本数据集

依据待分类别, 依次选取每一类别的若干样本数据集, 样本数据集需具有代表性特征, 且结果真实准确。

4.特征提取与优化

特征提取是分类流程中关键的一步,有效的特征能够在相对低维的结果特征空间中,高效地将各类分开,提高分类器的性能。也就是说,特征选择的作用就是从众多原始特征中挑选出一些最有效的特征以达到降低特征空间维数,提高分类器实际分类性能的目的。特征选择就是利用模式样本集内部信息,从待选的特征集合中选择一个(相对某一类别的评价准则)最优特征子集的过程,这个特征子集应当保留原有特征集合的全部或大部分类别信息。

5.特征向量的归一化

SVM 分类需要利用训练数据生成的模型对测试数据进行类别预测,此过程中的关键是训练数据和测试数据能够同时进行缩放,所以需要将各类别属性值缩放到同一区间,称之为特征向量的归一化。常见的数据归一化方法有极值归一化、标准归一化和标准差归一化等。LIBSVM 采取的是极值归一化的方法,若选择归一化范围为 $[-1,+1]$,则对每一个特征 $x^j(j=1,2,\cdots,n)$ 标准化公式如式(4-23)所示。

$$v_i^j = \frac{2(x_i^j - x_{\min}^j)}{x_{\max}^j - x_{\min}^j} - 1 \tag{4-23}$$

式中,v_i^j 为归一化后的特征,$v_i^j \in [-1,+1]$;$x_{\max}^j$ 为该特征在所有样本点中的最大值;$x_{\min}^j$ 为该特征在所有样本点中的最小值。

6.SVM 分类器设计

根据特征集和分类问题,设计并构建稳健的 SVM 分类器。比如确定线性还是非线性分类器,是两类问题还是多类问题。

7.选取 SVM 核函数,并寻找最佳分类参数

选取合适的核函数,并通过格网搜索和交叉验证选取最优分类参数。

8.完成所有类别的训练和分类,并输出分类结果

9.分类结果分析与精度评价

通过对结果进行定性与定量的分析,评估分类器的效果。

4.4.2 融合影像信息的多特征加权建筑物点云提取

由前文的分析可以看出,SVM 在解决小样本、非线性及高维模式识别问题中具有非常明显的优势。LiDAR 点云的分类正是基于有限样本的非线性分类问题,LiDAR 点云也具有多种丰富的特征可以组成多维的特征向量,所以本章利用 SVM 方法进行点云分类。SVM 分类比传统的分类方法效果更好,精度更高,而且与特征向量的维数无关,可以充分利用多种特征参与分类,本章融合了影像光谱信息进行 LiDAR 点云分类,使分类精度进一步提升。

利用前文中已经提取的点云特征和影像特征,组成一个多维特征向量,就可以构造非线性

RBF-SVM 分类器进行 LiDAR 点云的分类。SVM 分类过程中,都是假定特征向量中的各维特征对分类的贡献均等,忽略了不同特征对各个类别的不同影响,可能会导致核函数的计算被一些弱相关的特征所支配,从而影响分类器的性能。为了解决上述问题,本章提出一种利用特征权重来扩展 SVM 分类器的方法。

4.4.2.1　SVM 特征加权扩展

SVM 分类过程是利用特征向量来寻找最优超平面,也可以转化为凸二次规划问题的求解。其分类误差主要来源于两部分:将正确类别错分为其他类别称之为 A 类误差;将其他类别错分为正确类别称之为 B 类误差。由于两类误差是相互独立的,每个特征对单个类别的影响也是独立的。由此得出,在构造 SVM 的过程中,应该考虑特征对单个类别的识别能力及总体分类的贡献大小,引入一个对角阵 p 来表达特征权重,根据该权重重新组合特征向量,从而实现了 SVM 的扩展。基于特征权重扩展的最优分类超平面如式(4-24)所示。

$$\min \quad \Phi(w, \xi) = \frac{1}{2} \| w \|^2 + C \sum_{i=1}^{n} \xi_i$$

$$s.t. \quad \begin{cases} y_i [w \cdot p \cdot \phi(x_i) + b] \geqslant 1 - \xi_i \\ \xi_i \geqslant 0, i = 1, 2, \cdots, n \end{cases}$$

$$p = \begin{bmatrix} p_1 & & & \\ & p_2 & & \\ & & \cdots & \\ & & & p_m \end{bmatrix}$$

$$(4-24)$$

特征权重 p 由一组常量组成,对于一个多分类问题,特征权重应该包含单类权重和多类权重两种。单类权重体现了特征在分类过程中,识别某一目标类别的能力,同一特征针对不同的类别应具有不同的单类权重,它主要影响分类结果的 A 类误差;多类权重体现了特征在分类过程中,同时识别多类目标的能力,主要与 B 类误差相关联。显然,对于某一次分类问题,特征的多类权重是唯一的。

特征权重的计算尤为关键,必须能够准确地度量特征与目标类别之间的相关性,特征向量在每一类别中的权重代表了该特征在该类别分类中的重要性。本章利用单特征的传统 SVM 分类并估计分类精度来计算特征权重。

假设,利用传统 SVM 将样本数据集分为 M 类 $C_i (i = 1, 2, \cdots, M, M > 2)$,对同一样本集 S 与测试集 $R = \{R_1, R_2, \cdots, R_M\}$,$R_i$ 为对应类别 C_i 的个数。当仅用单个特征 V^k 进行分类时,得到的分类结果 $r = \{r_1, r_2, \cdots, r_M\}$,$r_i$ 为对应类别 C_i 的个数,则特征 V^k 对于类别 C_i 的单类权重 P_k^i 和多类权重 P_k 分别为:

$$P_k^i = r_i / R_i$$

$$P_k = \sum P_k^i r_i / \sum R_i$$

$$(4-25)$$

4.4.2.2 特征向量加权归一化

由式(4-23)所示的特征向量归一化过程可知,归一化操作能够偶较好地保留样本点在单个特征量测意义下的差别,但没有考虑各特征在单类或多类识别能力上的相对差异,只是以一种"平等"的特征组合方式进行 SVM 训练与分类。特征权重的引入可以使 SVM 训练与分类过程中各特征的分类贡献能力最大化,将归一化后的特征与特征权重值相乘就可以实现特征加权归一化。如式(4-26)所示,其中 $\boldsymbol{p}$ 为特征的权重向量。

$$w(\boldsymbol{p}\boldsymbol{v}_i) = w \begin{bmatrix} \boldsymbol{p}_1 & & & \\ & \boldsymbol{p}_2 & & \\ & & \cdots & \\ & & & \boldsymbol{p}_m \end{bmatrix} \cdot \begin{bmatrix} v_i^1 & v_i^2 & \cdots & v_i^m \end{bmatrix}^{\mathrm{T}} \qquad (4-26)$$

$$= w \begin{bmatrix} \boldsymbol{p}_1 v_i^1 & \boldsymbol{p}_2 v_i^2 & \cdots & \boldsymbol{p}_m v_i^m \end{bmatrix}^{\mathrm{T}}$$

将各个类别的特征值缩放到同一区间,主要有两个方面的好处:一是能够避免较大数值区间的特征过分支配处于较小数值区间的特征值;二是为了减小计算过程中特征值的复杂度,核函数的计算通常依赖于特征向量的内积,如果选取了线性核和多项式核,较大的属性值可能会导致计算问题。

4.4.2.3 融合影像信息的多特征加权建筑物点云提取流程

本章提出的融合影像信息的多特征加权建筑物点云提取的详细流程如图 4-11 所示,具体步骤如下:

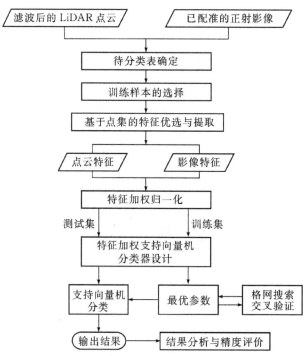

图 4-11 融合影像信息的多特征加权建筑物点云提取流程

（1）原始数据采用 LiDAR 点云数据和正射影像数据。LiDAR 点云数据需经过预处理，去除粗差点，以减少后续处理的误差；不管是同机影像还是其他影像，需要预先进行正射纠正和配准。

（2）确定待分类别。分析所选实验区的地物特征和原始数据的特性，常用的可分类别为：建筑物、树木、草地、道路、裸地、汽车等，具体实验过程中可能根据实际情况进行调整，比如所选区域汽车样本过少，就将其归入其他未分类别中。

（3）选取训练样本数据集。确定待分类别后，依次选取每一类别具有代表性特征的若干样本数据集，通常需要手工选取样本点，对应匹配的正射影像，结合一定的先验知识，人工判定类别。

（4）基于点集的特征选择与提取。根据原始数据的提供的信息和待分类别的需要，尽可能多地选择所需特征组成特征向量。所有的特征都是基于离散点来量化的，所以基于邻域的特征和影像特征也要转化为单点的特征值来表示。

（5）特征向量加权归一化。在标准的极值归一化的基础上，考虑单个特征在 SVM 分类中的权重值，进行特征加权归一化。特征权重值可以通过传统 RBF-SVM 分类的精度估计得出。

（6）特征加权 SVM 分类器设计。LiDAR 点云分类为一个非线性的多类问题，本章构造一个基于有向无环图的多类 SVM，采用 RBF 核函数并根据特征权重进加权扩展。

（7）寻找最佳分类参数。先选定一组 (C, γ) 参数作为初始值，利用样本数据进行训练，通过格网搜索的方法进行交叉验证，选取最优的分类参数。

（8）利用最优分类参数完成所有类别的训练和分类，输出建筑物分类结果。

（9）最后对结果进行精度分析和评价。

4.4.3　实验与分析

4.4.3.1　实验平台及数据

本章利用 MATLAB 编程环境和 LIBSVM 工具搭建了实验平台，进行融合影像特征的建筑物点云分类提取实验，主要包括：样本的选取、特征提取、SVM 设计、参数寻优等，完成基于传统 RBF-SVM 和特征加权 RBF-SVM 两组分类实验，用于实验结果的对比分析。

本章实验选用德国某矿区城市作为实验区域，实验数据五的点云数据由 ALS50 机载 LiDAR 系统采集，飞行高度 500 m，具有多重回波和强度数据；与之匹配的影像数据由 DMC 相机拍摄的彩红外影像，分辨率为 0.09 m。本章选取的数据范围及点云密度等详细信息见表 4 - 1，数据展示如图 4 - 12 所示。

表 4-1　实验数据五详情

实验数据	点云数据				影像数据		
	数据量	点数	面积	点云密度	数据量	像素	分辨率
数据五	4.8 MB	173 166	150 m×140 m	3 pts/m²	12 MB	1756×1544	0.09 m

(a) 数据五原始影像　　　　　　(b) 数据五原始点云

图 4-12　实验数据五的原始影像和原始点云(彩图见附录)

4.4.3.2　实验过程

根据前文所述的 SVM 分类流程,首先要确定分类类别。由图 4-13 可以看出,实验区域建筑物较为密集且造型复杂,植被覆盖较好,存在大量高植被树木和草地,地面大部分为硬质的道路,河流附近存在少量裸地,由于水体区域点云基本为空,只有少量水面漂浮物以及水质浑浊造成的点云。由此分析,将点云信息太少的水体排除,确定以下 5 类分类类别:建筑物、树木、草地、道路、裸地。

■ 建筑物[452 样本区]
■ 树木[336 样本区]
■ 草地[188 样本区]
■ 道路[326 样本区]
■ 裸地[118 样本区]

图 4-13　数据五的训练样本(彩图见附录)

　　根据 5 种待分类别分别选取一定数量的样本作为训练数据，主要依据经验知识通过手工选取方法，同时兼顾随机性和典型代表性。这里 5 种类别共选取了 1420 个样本，如图 4-13 所示。

　　基于前文分析的基于点集表达的 LiDAR 点云特征和影像特征，分析每一项特征与各待分类别之间的关系，选取关联性强且区分度大的特征组成特征向量。本章最终选取 NH、RI、RN、HStD、HD、C、REG、CON、DIS、EVE、IR、IRM、G、GM、NDVI 共 15 个特征，组成一个 15 维的特征向量。

　　首先，在传统的 SVM 分类器中，分别利用单个特征和组合特征向量进行 SVM 分类，利用训练样本对分类结果进行精度评估，分别计算出每个特征对于各类别的特征权重，如表 4-2 所示。

表 4-2　SVM 特征向量权重

特征向量	单类权重					多类权重
	建筑物	树木	草地	道路	裸地	
NH	89.60%	78.54%	10.52%	93.16%	52.32%	87.28%
RI	48.50%	22.19%	55.36%	97.12%	76.80%	81.55%
RN	88.64%	12.69%	76.80%	85.20%	76.80%	66.23%
HStD	58.20%	0.17%	76.80%	69.85%	56.34%	65.88%
HD	87.11%	86.55%	76.80%	41.98%	34.30%	70.50%
C	69.54%	67.24%	67.47%	64.50%	46.45%	58.60%
REG	67.50%	35.40%	82.20%	87.45%	34.57%	45.63%
CON	90.01%	3.10%	64.02%	21.45%	68.08%	62.85%
DIS	53.70%	47.11%	27.37%	25.43%	34.92%	59.33%
EVE	68.00%	93.80%	40.25%	3.42%	66.04%	45.20%
IR	75.22%	58.24%	89.27%	32.97%	84.08%	67.50%
IRM	65.00%	44.05%	69.34%	54.37%	70.15%	67.84%
G	74.11%	34.91%	84.54%	60.90%	59.58%	63.44%
GM	72.40%	61.50%	53.40%	45.77%	77.35%	65.20%
NDVI	85.40%	93.50%	88.24%	71.87%	84.42%	79.53%

　　下一步，利用特征权重值将 15 维的特征权重进行加权归一化，将特征值标准化到 [−1，+1]，不同类别的特征权重，能够进一步提高精度。接着构造基于 RBF-SVM 的多类分类器，采用有向无环图的方式，并利用特征权重加权扩展核函数。

　　RBF-SVM 有两个重要的参数（C，γ），这里以（2^3，2^{-7}）为初始值通过格网搜索策略，对训练样本进行 5 折循环交叉验证，其过程如图 4-14 所示，求得最优参数为（2^7，2^{-5}），最高精度达到 95.5%。

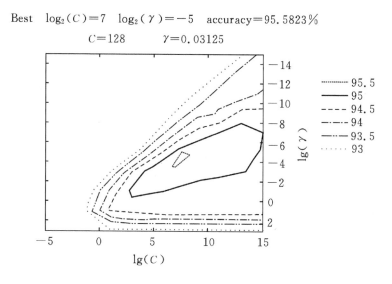

图 4 - 14 RBF-SVM 样本训练模型

最后,以最优参数($2^7,2^{-5}$)完成所有测试集的训练和分类,得到最终分类结果。

4.4.3.3 实验结果与分析

实验数据五的特征加权 RBF-SVM 分类结果如图 4 - 15 所示,图 4 - 15(a)所示为分类结果二维显示图,图 4 - 15(b)所示为分类结果三维显示图。

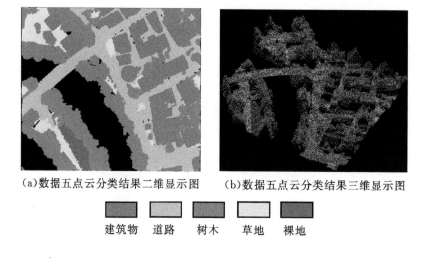

(a)数据五点云分类结果二维显示图　　(b)数据五点云分类结果三维显示图

建筑物　道路　树木　草地　裸地

图 4 - 15 数据五的特征加权 RBF-SVM 分类结果(彩图见附录)

由图 4 - 15 可以看出,本章分类方法对所分的 5 个类别都可以很好地提取出来,建筑物点云的提取较为完整,建筑物周围的零碎的树木和草地绝大部分都能被识别,结合影像的光谱信息,特别是 NDVI 特征能大幅提高植被的识别精度;地面点部分,道路占大多数,主要原因是将停车场、平台等硬质地面都划入道路类别,草地和裸地通过光谱信息和植被指数特征可以有效地从地面点中分离。本章也用传统的 RBF-SVM 分类器对同一块区域的点云数据进行了分类,其结果如图 4-16 所示。

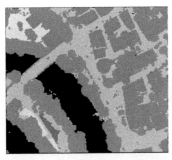 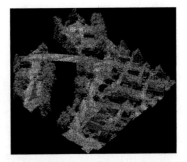

(a)数据五点云分类结果二维显示图　(b)数据五点云分类结果三维显示图

建筑物　道路　树木　草地　裸地

图 4-16　数据五的传统 RBF-SVM 分类结果(彩图见附录)

从图 4-16 可以看出,传统 RBF-SVM 分类的结果的精度明显不如本章的分类方法,由于没有考虑特征权重的不同,不能解决不平衡数据集对分类精度的影响,如裸地,草地这两类都是属于少数点类别,影响到主要类别建筑物,树木等的主导支配地位时,就会出现零碎的现象造成了混淆分类问题。这样充分证明了本章提出的特征加权的改进方法,在解决不平衡数据的多元分类问题上是极为有效的。

对分类精度的评价通常是利用样本数据对分类结果建立误差混淆矩阵的方式,估计出分类结果的生产者精度(Producer Accracy,PA)和用户精度(User Accracy,UA),另外还可以计算出总体精度(Overall Accracy,OA)和 Kappa 系数这两个精度评价指标。由于实验数据五的范围不是很大,就将全部实验数据进行手工编辑划分类别,用作精度评价的参考数据。数据五中点云总数为 173 166,但其中包括有无法确定类别的点,如水面上反射的激光点或者为噪声点等,暂将这些点归入未分类类别中。进手工编辑后得到假定绝对准确的参考数据,其中建筑物点 44 298 个、道路点 55 892 个、树木点 46 938 个、草地点 15 134 个、裸地 4 046 个以及6858 个未分类点。本章实验的两种方法的分类结果的误差矩阵分别如表 4-3、表 4-4 所示。

表 4-3　传统 SVM 分类结果误差矩阵

分类/参考	建筑物	道路	树木	草地	裸地	未分类	总计
建筑物	36584	6515	1897	81	23	164	45264
道路	4457	45733	5495	1425	318	584	58012
树木	1567	1447	38687	2698	234	565	45198
草地	1468	2047	745	10745	223	357	15585
裸地	176	103	98	77	3225	221	3900

分类/参考	建筑物	道路	树木	草地	裸地	未分类	总计
未分类	46	47	16	108	23	4967	5207
总计	44298	55892	46938	15134	4046	6858	173166
PA	82.59%	81.82%	82.42%	71.00%	79.71%	72.43%	173166
UA	80.82%	78.83%	85.59%	68.94%	82.69%	95.39%	

OA＝80.81%　　Kappa＝0.7423

由表 4 - 3 可知,使用传统 RBF-SVM 方法的分类结果总体精度为 80.81%,Kappa 系数为 0.7423,整体分类精度较低,特征明显的树木和建筑物类别可以大部分提取,但存在不同程度的漏分和错分。因为有特征向量的支持,可以区分部分道路点云,但受草地和裸地类型的影响,区分度不是很高,特别是草地类型生产者精度仅为 71.00%,用户精度为 68.94%。

表 4 - 4　特征加权 SVM 分类结果误差矩阵

分类/参考	建筑物	道路	树木	草地	裸地	未分类	总计
建筑物	42487	1409	886	65	21	78	44946
道路	48	53126	73	1157	56	104	54564
树木	1545	397	45502	155	108	396	48103
草地	135	879	443	13745	17	402	15621
裸地	23	47	13	9	3836	11	3939
未分类	60	34	21	3	8	5867	5993
总计	44298	55892	46938	15134	4046	6858	173166
PA	95.91%	95.05%	96.94%	90.82%	94.81%	85.55%	
UA	94.53%	97.36%	94.59%	87.99%	97.39%	97.90%	

OA＝95.03%　　Kappa＝0.9335

从表 4 - 4 可以看出,本章使用特征加权 RBF-SVM 分类结果的总体精度达到 95% 以上,Kappa 系数也达到 0.9335,充分说明了该方法的可靠性和稳定性,能有效地提高分类精度。与传统 RBF-SVM 方法的分类结果对比可以看出本章方法对精度的提升明显,总体精度提升 14.22%,Kappa 系数提高了 0.1912。从单个类别看,使用特征加权的 RBF-SVM 改进分类方法使建筑物、树木和道路这三个主要类别的精度得到了不同程度的提高,建筑物类别的 PA 提高了 13.33%,UA 提高了 13.71%;树木类别的 PA 提高了 14.52%,UA 提高了 9.00%;道路则改善明显,PA 提高了 13.23%,UA 提高了 18.53%。说明本章特征加权的 RBF-SVM 分类方法能够最大化特征对分类的贡献,提高分类精度。另外,草地类别的 PA 大幅提高了 19.82%,UA 提高了 19.05%;裸地类别的 PA 提高了 15.10%,UA 提高了 14.69%,说明本章特征加权的 RBF-SVM 分类方法对不平衡数据集的问题是有效的,保证了贡献大的特征在主要类别分类中的主导作用,有效地减少了分类误差。

4.5　融合 LiDAR 点云与影像数据的建筑物轮廓提取

经过以上方法分类提取出的建筑物点云,已经排除了大部分的干扰因素,下一步可以轻易地从点云中跟踪识别出建筑物的轮廓线。但在植被混合等复杂区域,建筑物的点云的密度较低,识别出建筑物的轮廓较为粗糙,细微结构容易丢失。而与之精确配准的影像数据中也存在着丰富的特征信息,但受桥梁、停车场等非建筑物目标的干扰,只使用影像的提取建筑物轮廓容易误检且存在间断不连续。因此,如何高效地将 LiDAR 点云与影像两种数据进行特征级融合,优选特征组合,优势互补,达到矿区复杂环境下建筑物的精确提取与轮廓重建的目的,是本章需要解决的关键问题。

上一节研究了融合影像特征的建筑物点云分类提取的相关技术和方法,本节将以融合 LiDAR 数据的遥感影像分类为主要研究内容。之所以将融合影像的点云分类与融合 LiDAR 点云的影像分类分开进行研究,主要是因为两者存在以下三个方面不同:

(1)应用目的不同。LiDAR 数据和影像数据是两种类型完全不同的数据,一个是以三维的形式表达,另一个是二维的形式,两种数据的应用目的和范围也不同。在不同的应用场景中,两种数据的应用目的也各有侧重。例如,对点云数据进行不同类别的分类便于对该类别进行三维建模,提取建筑物脚点是实现建筑物建模的首要任务,而准确地识别和分类植被脚点是冠层建模、树种分类、植被参数估计、森林灾害预警等工作的前提条件。而影像分类的目的则主要用于变化监测、专题制图、地理空间数据库的更新等。

(2)地物类别的表达不同。LiDAR 点云和影像数据的获取原理不同,他们对地物类别的表达也不是完全一样。LiDAR 点云密度与影像空间分辨率并不在同一尺度上,两种数据对地物类别的表达可能也不同的。例如,影像中的一些细小地物在较为稀疏的点云数据中并没有对应的激光脚点,而点云数据能反映的某些具有一定高度、但体积较小的地物,在低空间分辨率的影像上却无法识别,这样对这些地物的融合分类就没有意义。另外,影像中的阴影和水体区域可以作为独立类别进行分类,而在点云数据中水体和遮挡区域的数据为空白,对这两类地物分类也没有实际意义。因此需要将两种数据的分类研究分开进行。

(3)研究目的不同。融合影像的点云分类的研究目的主要在于利用影像的光谱及纹理特征来提高点云分类精度,减少误分点,通常对分类类别的数量没有要求。而融合点云数据的影像分类的研究目的在于通过加入点云数据的高程和几何特征,一方面提高影像上地物的分类精度,更重要的是实现地物的精细分类,识别出更丰富的地物类别(董保根,2013)。

面向对象分析(Ojbect-based Image Anlaysis,OBIA)是随着高分辨率遥感影像的出现而逐渐成为成为研究热门的影像分类方法。OBIA 的核心思想是将对象(Ojbect)作为影像特征提取与分析的单元,相比于传统的基于像素(pixel-based)的影像分类方法,在充分利用高分辨率影像的几何信息与结构信息方面具有明显的优势。本章利用面向对象分析的方法研究融合

LiDAR 点云与影像数据的建筑物分类提取方法，基本思路为：首先将影像与 LiDAR 数据生成的 *nDSM* 进行多尺度分割，生成具有均质性的影像对象，再利用对象的特征信息进行基于规则的模糊分类。在多尺度分割的过程中，提出了不同类别的最优分割尺度参数选择方法，构建了不同尺度的对象层次网络结构，并对模糊分类隶属函数的定义、模糊规则库的构建及分类流程进行了研究。

4.5.1　面向对象分类的多尺度分割方法

面向对象分类方法是一种基于目标的方法，充分模拟人类感知地物目标的方式，从整体上考察目标对象的特征。面向对象的分类一般步骤为先进行分割，再对分割对象进行分类。在分割过程中，可以使用不同的分割尺度，得到不同大小的影像对象，这些不同尺度层次的对象存在一定的继承关系。在分类过程中可以充分利用对象的光谱特征（灰度比值、方差、均值等）、纹理特征（灰度共生矩阵特征、对称性、对象的方差等）、形状特征（面积、形状因子、长宽比、边界长度、位置等）、相邻关系特征和上下文关系特征等，通过对各个对象特征的分析，制定相应的分类规则，对各个对象进行分类。

面向对象的分类方法的主要优点有：

（1）以对象为最小单位，减少了影像局部光谱变化的影响，有效避免了椒盐噪声的出现，提高了分类精度。

（2）可以针对不同类别进行多尺度分割与提取，使分类更有效。

（3）能够充分利用对象之间的继承、相邻等拓扑关系，融入决策知识，分类过程更加智能化。

（4）将对象的形状结构信息与光谱信息有机地结合，增加了特征空间的可区分度，提高了整体分类质量。

影像分割是根据图像的颜色、形状、纹理等特征将图像划分为不同子区域，这些子区域是相互独立、互不相交的，且每个区域都满足特定的一致性。一般情况下，不同目标所对应的影像具有不同的颜色、纹理或形状等特征，为了区分这些目标区域，同一子区内应满足颜色、纹理或形状等特征相似性或同质性，而这些特征在相邻的子区域之间也是相异的。影像分割的数学定义如下：

令影像中所有像元集合为 R，影像分割过程就是将 R 分成若干非空子集 $\{R_1, R_2, \cdots, R_n\}$，这些子集满足以下条件：

（1）分割后，各个子区域的总和要包括影像的所有像元，即 $\bigcup\limits_{i=1}^{n} R_i = R_n$；

（2）各个子区域之间没有交集，即对于任意 i 和 j，$i \neq j$，有 $R_i \bigcap R_j = \varnothing$；

（3）同一区域的像元须具备某些相同的特性，$Q(R_i) = \text{true}, i = 1, 2, \cdots, n$；

（4）相邻子区域之间的像元具有某些显著的差异性，$Q(R_i \bigcup R_j) = \text{false}, i \neq j$；

（5）同一子区域内的像元是相互连通的，即对于 $i = 1, 2, \cdots, n$，R_i 是连通区域。

　　根据相邻像元的不连续性和相似性,影像分割算法可以分为基于边缘的分割和基于区域的分割两种。根据处理方式的不同分为自上而下的分割和自下而上的分割。自然界中的复杂的各种地物通常是处于不同的大小尺度的,所以必须考虑影像分割中的尺度问题,所以多尺度分割方法优势明显。本章采用一种典型的多尺度分割算法——分形网络进化方法(Fractal Net Eovlution Approach,FNEA)(Baatz 和 Schäpe,2000),FNEA 算法采用一种自下而上的区域生长分割方法,先将像元分割成小的对象,再根据条件逐渐合并为较大的对象,形成一个网络层次结构,对象之间建立了继承或相邻的关系,如图 4 - 17 所示。

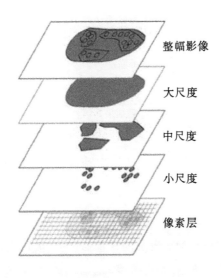

图 4 - 17　影像对象网络层次结构示意图

4.5.1.1　基于异质性最小的区域合并流程

　　多尺度分割算法是通过影像对象之间的异质性大小来控制分割尺度的,根据异质性最小原则自下向上将小的影像对象逐渐合并为大的影像对象。具体流程如下:

　　首先,根据地物类别的特点,设置合理的区域合并异质性阈值作为像元停止合并的条件,即设定分割尺度参数和光谱、形状因子的权重,其中形状因子又包括紧致度和光滑度两个因子。对遥感影像进行初始分割处理,然后依次计算相邻两个区域的异质性的值,与所设定的阈值做比较,如果小于阈值,则合并后继续计算下一组,如果全部大于等于阈值,则得到最终的区域合并结果。分析最终结果,如果不满意则回到开头,设置新的阈值参数,重新进行多尺度分割。基于异质性最小的多尺度分割流程如图 4 - 18 所示。

　　影像对象异质性由光谱异质性和形状异质性组成,影像对象异质性 f 的计算公式为:

$$f = w_{\text{color}} \cdot h_{\text{color}} + (1 - w_{\text{color}}) \cdot h_{\text{shape}} \tag{4-27}$$

式中,w_{color} 为用户设定的光谱因子的权重,取值范围为 $[0,1]$;h_{color} 为对象的光谱异质性,h_{shape} 为对象的形状异质性。

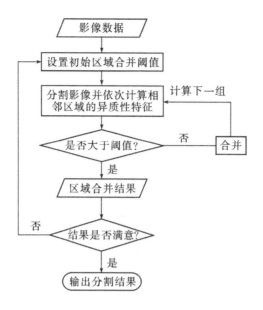

图 4 - 18　基于异质性最小的多尺度分割流程

光谱异质性 h_{color} 的计算公式为：

$$h_{color} = \sum_c w_c \sigma_c \qquad (4-28)$$

式中，c 为参与分割的波段数；w_c 为 c 波段的权重；σ_c 为 c 波段光谱值的标准差。

形状异质性 h_{shape} 由紧致度 h_{cmpct} 和光滑度 h_{smooth} 组成，计算公式如下：

$$h_{shape} = w_{cmpct} \cdot h_{cmpct} + (1 - w_{cmpct}) \cdot h_{smooth} \qquad (4-29)$$

式中，w_{cmpct} 为紧致度的权重；$1 - w_{cmpct}$ 为光滑度的权重，两个权重的和为 1；h_{cmpct} 为紧致度的值，用来描述影像对象饱满程度，其计算公式如式（4-30）所示；h_{smooth} 为光滑度的值，用来描述影像对象边界破碎程度，其计算公式如式（4-31）所示。

$$h_{cmpct} = l / \sqrt{n} \qquad (4-30)$$

$$h_{smooth} = l / b \qquad (4-31)$$

式（4-30）中，l 表示影像对象边界包含的像元个数，n 用来代表对象的周长；n 表示影像对象内部包含的像元个数，用来代表对象的面积；用影像对象的周长和面积平方根的比作为紧致度，来衡量影像对象的饱满程度：紧致度越小，说明对象越饱满越接近于正方形或圆；紧致度越大，说明对象越狭长。

式（4-31）中，l 与式（4-30）中一样为影像对象的周长；b 为影像对象的最小外接矩形的周长；用影像对象的周长与影像对象的最小外接矩形的周长的比作为光滑度，用以衡量边界的破碎程度：若光滑度值越大，说明影像对象边界越破碎。

若影像对象 S_1 与 S_2 合并后的对象为 S'，则合并准则为：

$$f' = w_{color} \cdot h'_{color} + (1 - w_{color}) \cdot h'_{shape}$$

$$h'_{color} = \sum_c w_c \cdot [n' \sigma'_c - (n_1 \sigma_c^1 + n_2 \sigma_c^2)]$$

$$h'_{shape} = w_{cmpct} \cdot h'_{cmpct} + (1 - w_{cmpct}) \cdot h'_{smooth} \qquad (4-32)$$

$$h'_{cmpct} = n'l'/\sqrt{n'} - (n_1 l_1 /\sqrt{n_1} + n_2 l_2 /\sqrt{n_2})$$

$$h'_{smooth} = n'l'/b' - (n_1 l_1/b_1 + n_2 l_2/b_2)$$

4.5.1.2　最优分割尺度选择方法

由上述多尺度分割流程可知,分割尺度是一个重要参数,决定了最小异质性的阈值,也决定了生成分割对象的大小和数目。对于一幅给定的高分辨率影像来说:分割尺度越大,生成的对象面积越大、数目越少;若尺度越小,生成的对象面积越小,数目越多。对于某一类别的地物,如果尺度过大出现"分割不足"的情况,影像对象中就会出现混合地物;如果分割尺度过小,则造成"过分割",目标类别的对象就会出现支离破碎的现象。"分割不足"或"过分割"都会影响分类结果的精度,面向对象的遥感影像分类中,需要针对不同的地物类别选择合适的分割尺度。

最优分割尺度要满足以下两个要求:(1)针对某一类地物或几类地物来看,最优分割尺度表现为分割后的影像对象大小与目标地物轮廓、大小基本吻合,多边形对象边界平滑破碎现象很少,影像对象内部光谱差异比较小。(2)针对整幅影像来看,最优分割尺度表现为分割后影像对象的内部异质性较小,不同对象间的异质性较大;同一类别对应的影像对象具有该类地物的光谱、形状、纹理等的代表特征;不应出现混合地物,保证影像对象间的可分性。

目前最优分割尺度的确定方法大部分都是通过选择样本区进行不同分割尺度的穷举实验,再进行统计规律得出最优尺度。

影像对象的大小可以用影像对象的面积来表示,对象的内部同质性可以用影像对象的标准差的倒数表示,影像对象之间的异质性可以用对象与相邻对象的均值差分的绝对值表示。最大面积法主要通过目视解译确定不同分割尺度下的地物最大面积所对应的最优分割结果。但当存在大面积同类地物(如大片房屋、林地等)时,就会忽略小面积地物类别的分割,该方法失效。

根据同类地物类内异质性最小(同质性大)、异类地物间异质性最大的最佳分类原则,本章选用影像对象的标准差的倒数 A_σ 和对象与相邻对象的均值差分的绝对值 $A_{\Delta c}$ 两个参数来评价最佳分割尺度。对于多波段数据参与多尺度分割,假设有 M 个波段,其中 m 波段的权重为 w_m,则 A_σ 与 $A_{\Delta c}$ 的计算公式如下:

$$A_\sigma = \frac{\sum_{m=1}^{M} w_m}{\sum_{m=1}^{M} w_m \sqrt{\frac{1}{n-1} \sum_{i=1}^{n} (c_{Li} - c_L)^2}}$$

$$\qquad (4-33)$$

$$A_{\Delta c} = \frac{\frac{1}{l} \sum_{m=1}^{M} w_m \sum_{i=1}^{n} l_{Si} |c_L - c_{Li}|}{\sum_{m=1}^{M} w_m}$$

式中,n 为相邻对象的个数;c_L 为当前影像对象图层的均值;c_{Li} 为第 i 个相邻影像对象的图层均值;l 为当前影像对象的边界长度;l_{Si} 为第 i 个相邻对象共同的边界长度。

在选择最优尺度的实验过程中,设定一个初始尺度值比如 10,确定步长,通常步长间隔设为 10,分别以 10、20、30、40、50、60、70、80、90、100、110、120、130、140、150 为分割尺度对各类别选择一定数量的分布均匀且具有代表性特征的样本,统计并分析 A_σ 和 $A_{\Delta c}$ 的值与分割尺度的关系,如图 4-19 和图 4-20 所示。

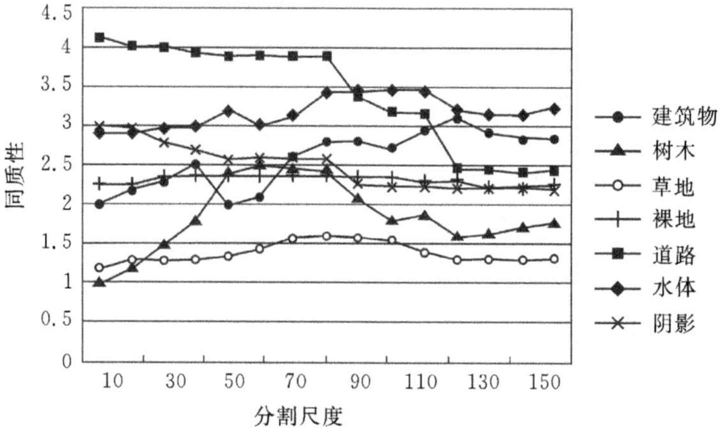

图 4-19　分割尺度与对象内同质性关系图

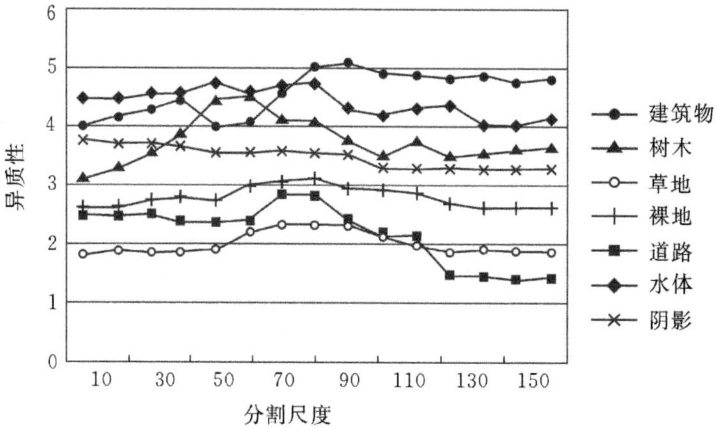

图 4-20　分割尺度与对象间异质性关系图

由图 4-19 和图 4-20 可以得出最优分割尺度呈现的是一定的范围区间,而不是某一个极大值,本身选择 10 的步长也反映出这个区间的变化,这与影像特征的不确定性和地物复杂性有关。为了充分表达分割尺度达到平稳的区间范围,本章通过对不同衡量标准的最优尺度范围求交集的方式获得整体的最优分割尺度,并构造 A_σ 与 $A_{\Delta c}$ 乘积的尺度量化指标 $A_\sigma \cdot A_{\Delta c}$,兼顾对象内的同质性特征和对象间的异质性特征。最终选取的最优尺度分割域 A

的范围定义为：

$$A = A_\sigma \bigcap A_{\Delta c} \bigcap A_\sigma \cdot A_{\Delta c} \qquad (4-34)$$

已选定的可以分的地物类别在影像上存在一定光谱特征、形态特征，随着分割尺度的改变，其对应的影像对象的形态大小总是能达到一个相对稳定的状态，因此最优分割尺度范围值总是存在的，而他们的交集也不会为空，即最优分割尺度域一定是可求的。

虽然最优分割尺度域能够获得一个最优分割尺度范围值。但是在实际应用中，还需要确定一个准确的最优分割尺度值。因为本章的最优分割尺度域是通过样本的选择实验得到的，为了避免后续分割中混合地物的出现，在这里我们选取最优分割尺度域的最小值作为可靠的最优分割尺度。如式(4-35)所示。

$$f_{optimal} = \min(A_\sigma \bigcap A_{\Delta c} \bigcap A_\sigma \cdot A_{\Delta c}) \qquad (4-35)$$

4.5.2　基于规则的模糊分类

面向对象分析方法在完成对象分割后，需要基于对象进行分类，确定对象中像元的类别。传统的基于像素的分类方法，如最大似然法、最小距离法、平行六面体等方法都是"硬分类"方法，直接给对象分配为 1 或者 0 的隶属度，即"非此即彼"的判断。与之对应的"软分类"方法，赋予对象的隶属度在[0,1]，一个对象可以有多个类别隶属度，如模糊分类、神经网络分类、贝叶斯分类器等。由于高分辨率遥感影像表达更多的细节，地物类别更丰富，分类过程中存在大量的不确定类别难以区分，所以"软分类"器能够解决遥感分类的不确定性。本章采用基于模糊集的分类方法。

4.5.2.1　模糊分类系统

1.模糊集理论

经典集合：设 U 为论域，是若干对象的集合，对于 U 中的任意经典集合 AA 可以定义一个特征：

$$C_A(x) = \begin{cases} 1, x \in A \\ 0, x \notin A \end{cases} \qquad (4-36)$$

式中，$C_A(x)$ 是从原域 U 到值域 $\{0,1\}$ 的一个映射，通过它可以把集合 A 内和外的元素分开。由于 $C_A(x)$ 是一个二值函数，只能区分是或不是两种情况，适合于有明确意义的对象建模和描述；但没有区分隶属度的程度，因此不适合于模糊问题的建模。

如果将特征函数推广到在闭区间[0,1]取值，特征函数就变为隶属函数 $\mu_{\bar{A}}(u)$，说明 u 以一定的程度隶属于集合 A。

模糊集合：设给定论域 U，U 到[0,1]的任一映射：

$$\begin{aligned} \mu_{\bar{A}} &: U \to [0,1] \\ u &\to \mu_{\bar{A}}(u) \end{aligned} \qquad (4-37)$$

确定 U 的一个模糊子集 $\bar{A}$，$\mu_{\bar{A}}$ 称为 $\bar{A}$ 的模糊隶属函数，$\mu_{\bar{A}}(u)$ 为 u 对 $\bar{A}$ 的隶属度。

模糊集合使某特征可以以一定的程度属于某集合,某特征属于集合的程度由 0~1 的一个数值——隶属度来描述,把一个具体的元素映射到一个合适的隶属度是由隶属函数来实现的(罗小波等,2011)。

2.隶属函数

隶属函数可以是任意形式的曲线,取决于具体的分类目的,隶属函数的值域范围为[0,1]。常用的隶属函数形式有高斯型、梯形、半梯形、三角形、抛物型等。在具体的分类任务中,除了利用预定义的常用函数形式外,还需要根据特征与类别之间的联系自行设计隶属函数。图4-21为隶属函数的定义过程,横坐标为某一特征值(光谱或形状特征等),纵坐标为属于某一类别的隶属度。隶属函数将特征和信息公式化,在属性值与模糊值之间建立了透明的联系,而且很容易进行调整和编辑。

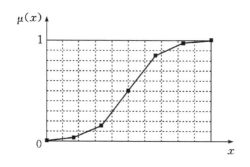

图 4-21 隶属函数的定义

隶属函数的定义是模糊分类的关键任务,隶属函数的确定方法主要有三种:

(1)根据问题的特性,选择常用的典型函数作为隶属函数;

(2)根据专家知识或个人经验;

(3)模糊统计试验法,主要通过人的心理测量来研究事物本身的模糊性。

到目前为止,还没有一种通用的隶属函数设计方法出现,大部分都是基于专家知识来建立隶属函数,但一个原则在类别可分的前提下,尽量设计的较为简便,以提高运行效率。

3.模糊规则

模糊规则是模糊推理的前提,是确定模糊集合最终属于哪个类别的专家知识库。基于"if-then"规则的模糊分类模型是一种简单的模糊分类方法,即:如果满足了条件,就会执行一个模糊操作。通常这样简单的规则无法满足遥感图像分类的要求,需要构造高级模糊规则,运用逻辑操作符和模糊规则表达式可以建立更多高级的规则库。常用的模糊集逻辑操作符如表4-5所示。

表 4 - 5　模糊集逻辑操作符

逻辑操作符	计算公式	说明
and(min)	$\min(f_1, f_2, \cdots, f_n)$	返回所有隶属度的最小值
and($\times$)	$f_1 \times f_2 \times \cdots \times f$	返回所有隶属度的乘积
or(max)	$\max(f_1, f_2, \cdots, f_n)$	返回所有隶属度的最大值
mean(arithm)	$\dfrac{1}{n}\sum_{i=1}^{n} f_i$	返回所有隶属度的算术平均值
mean(geo.)	$\sqrt[n]{(f_1 \times f_2 \times \cdots \times f)}$	返回所有隶属度的几何平均值
not	$1 - f_n$	取反操作

模糊规则库传递得到的模糊分类的结果由各个输出类分离的返回值构成,反应了影像对象属于某些类的隶属度值,各个隶属度值代表了影像对象属于某一类的程度:某一类对应的隶属度值越高,则该影像对象属于这一类的可能性越大。

影像对象属于某类别的最大隶属度值与第二大隶属度值之间的差值越大,则说明分类效果清晰稳定;当影像对象的各类隶属度值之间差值都较小时,说明影像对象的分类不清晰也不可靠,此时需要进行模糊分类规则的重新调整。当影像对象的各类隶属度值都较小时,如果各类隶属度值均小于设置最小隶属度阈值,则该影像对象不会被分为任何一类。当影像对象的各类隶属度值都较大时,说明这个分类规则的不稳定,或者表明这个对象中可能包含有混合类,此时可以通过设置最大隶属度值阈值进行控制。

4.5.2.2　基于规则的模糊分类流程

利用多尺度分割技术构建的影像对象的网络层次结构是影像对象的模糊分类的基础。基于规则的模糊分类流程为:首先需要确定分类的类别,然后根据不同的类别选取合适的影像对象分类特征,设定必要的阈值和参数,建立模糊分类规则集;然后通过模糊化、模糊推理、去模糊三大步骤实现面向对象的模糊分类;分类完成之后,对分类结果进行精度评价,如果分类精度未达到要求,则需要重新选择分类特征和调整分类规则。基于规则的模糊分类流程如图 4 - 22 所示。

1. 模糊化

模糊化是指将特征值转化为模糊值的过程,实质上是一个特征标准化的过程,将每一个特征分配一个 0~1 的隶属度,隶属度值由隶属函数来定义,影像对象归属于各类的隶属度函数集如式(4 - 38)所示。

$$f_{\text{class,obj}} = | \mu_{\text{class\_1}}(\text{obj}), \mu_{\text{class\_2}}(\text{obj}), \cdots, \mu_{\text{class\_n}}(\text{obj}) | \qquad (4 - 38)$$

完成模糊化后,可以实现多特征之间的组合,而不管原始的布尔特征的形态和动态变化是什么样的。因此,模糊分类可以利用各种不同形态和不同类别的高维特征空间进行分类,如可以组合不同传感器数据(LiDAR、影像、SAR)、纹理信息、地理信息和拓扑关系等特征。

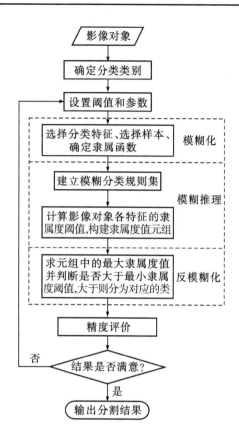

图 4 - 22 基于规则的模糊分类流程

2.模糊推理

模糊推理是指应用模糊规则集来确定模糊集合对不同类别类隶属度值的过程,即确定影像对象属于各类别的隶属度值的过程。在此之前,需要建立合适的模糊分类的专家知识规则库。

3.反模糊化

反模糊化是模糊化的逆操作过程,将模糊分类的结果又转化为布尔值,确定影像对象最终所属类别。一般取属于各类别的隶属度集中的最大值,如式(4 - 39)所示,如果该最大隶属度值小于指定的最小隶属度值,则不会分类,以保证分类的最小可靠性。

$$f_{\mathrm{crisp}} = \max\{\mu_{\mathrm{class\_1}}(\mathrm{obj}), \mu_{\mathrm{class\_2}}(\mathrm{obj}), \cdots, \mu_{\mathrm{class\_n}}(\mathrm{obj})\} \tag{4 - 39}$$

4.5.2.3 基于规则的模糊分类特征选择

面向对象的遥感图像模糊分类是利用影像对象的特征来构建分类规则的,所以特征的选择至关重要。主要有图层光谱特征、纹理特征、形状特征和类间相关特征等。本章融合 LiDAR 数据进行分类,也可以提取 LiDAR 数据的特征,如 nDSM 高程、强度特征、回波信息等。另外,为了准确地提取植被和水体,可以加入自定义特征归一化植被指数 NDVI、归一化水体指数 NDWI 等。以下列举一些常用特征。

1.图层光谱特征

图层光谱特征主要有包括光谱平均值、亮度、标准差、比率等,各个特征的计算公式和说明如表 4-6 所示。其中,c_i 为波段的均值,n_L 为图像的波段总数,c_{Li} 表示由 n 个像素组成的图像对象中每一个像素的值,范围为 $[0,255]$。

表 4-6　常用图层光谱特征统计量

特征	计算公式	说明
平均值(mean)	$c_L = \dfrac{1}{n} \cdot \sum\limits_{i=1}^{n} c_{Li}$	表示各个对象或者区域的各层均值
亮度(brightness)	$b = \dfrac{1}{n_L} \cdot \sum\limits_{i=1}^{n} c_i$	对象各个波段均值的平均值
标准差(stddev)	$\sigma_L = \sqrt{\dfrac{1}{n-1} \sum\limits_{i=1}^{n} (c_{Li} - \bar{c}_L)^2}$	表示图像区域各个波段数据的集散情况
比率(ratio)	$r_L = \dfrac{\bar{c}_L}{\sum\limits_{i=1}^{L} c_L}$	单图层上对象的平均值在所有图层均值总和中所占比例

2.纹理特征

高分辨率遥感影像具有丰富的纹理特征,是面向对象分析方法中常用到的重要特征。通常用灰度共生矩阵(GLCM)或者灰度差分矢量(GLDV)来描述遥感图像的纹理特征,GLDV 是 GLCM 的对角线总和,表示与相邻像素绝对差异的发生率。GLCM 有如表 4-7 所示的几种表达形式,i 是指像元行号,j 是指像元列号,$P_{i,j}$ 是指 (i,j) 位置的像元亮度,N 为列或者行的总数。

表 4-7　常用纹理特征统计量

纹理特征统计量	计算公式	说明
局部稳定性(Homogeneity)	$\sum\limits_{i,j=0}^{N-1} \dfrac{P_{i,j}}{1+(i-j)^2}$	衡量局部同质性,此值越大,同质性越好
对比度(Contrast)	$\sum\limits_{i,j=0}^{N-1} P_{i,j}(i-j)^2$	衡量临域内的最大值和最小值之间的差异,此值越大,差异越大
非相似度(Dissimilarity)	$\sum\limits_{i,j=0}^{N-1} P_{i,j} \mid i-j \mid$	度量相似性,与对比度相同
熵(Entropy)	$\sum\limits_{i,j=0}^{N-1} P_{i,j}(-\ln P_{i,j})$	衡量图像的无序性,熵值越大,纹理越不均匀
相关性(Correlation)	$\sum\limits_{i,j=0}^{N-1} P_{i,j}\left[\dfrac{(i-\mu_i)(j-\mu_i)}{\sigma_i \sigma_j} \right]$	衡量临域灰度线性依赖性

3.形状特征

影像对象的形状主要是指对象外在轮廓的规则性,可以使用协方差矩阵衡量,如式(4-40)所示,其中,$\boldsymbol{X}$ 和 $\boldsymbol{Y}$ 分别代表该对象的边界像素坐标(x,y)组成的矢量,$\mathrm{var}(\boldsymbol{X})$ 和 $\mathrm{var}(\boldsymbol{Y})$ 分别为 $\boldsymbol{X}$ 和 $\boldsymbol{Y}$ 的方差,$\mathrm{cov}(\boldsymbol{XY})$ 为 $\boldsymbol{X}$ 和 $\boldsymbol{Y}$ 的协方差。

$$\boldsymbol{S} = \begin{bmatrix} \mathrm{var}(\boldsymbol{X}) & \mathrm{cov}(\boldsymbol{XY}) \\ \mathrm{cov}(\boldsymbol{XY}) & \mathrm{var}(\boldsymbol{Y}) \end{bmatrix} \qquad (4-40)$$

其他常用来描述形状特征的参数如表 4-8 所示。

表 4-8　常用的形状特征

特征	计算公式	说明
面积(area)	组成对象的像元数	单个像素面积为 1
长宽比(length/width)	$r = \dfrac{l}{w} = \dfrac{\mathrm{eig}_1(s)}{\mathrm{eig}_2(s)}$	eig_1 和 eig_2 分别是协方差矩阵的特征值
长度(length)	$l = \sqrt{A \cdot r}$	A 是对象的面积,r 是对象的半径
宽度(width)	$w = \sqrt{\dfrac{A}{r}}$	A 是对象的面积,r 是对象的半径
形状指数(shape index)	$s = \dfrac{e}{4 \cdot \sqrt{A}}$	e 是周长,A 是对象的面积,描述影像对象的光滑度
不对称性(asymmetry)	$k = 1 - \dfrac{n}{m}$	m 和 n 分别表示对象外接椭圆的长轴和短轴长度
边界长度(border length)	边界上像元的个数	一个像素的边界长为 1
密度(density)	$d = \dfrac{\sqrt{n}}{1 + \sqrt{\mathrm{var}(X) + \mathrm{var}(Y)}}$	表示一个对象的紧凑程度,此值越大,对象越接近正方形

4.类间相关特征

利用类间相关特征可以参考影像对象层次结构中其他影像对象的分类结果,可以分为:

(1)与相邻对象的关系,描述同一层次中相邻对象之间是否相邻以及相邻的公共区域大小等。

(2)与子对象之间的关系,用来评价低层中的小尺度信息。

(3)与父对象之间的关系,可以继承上一层的类别信息,比如:先将对象分为植被和非植被两类,植被又可以继续分为树木、灌木、草地等。

4.5.3　融合 LiDAR 点云与影像数据的建筑物分类流程

首先将遥感影像与 nDSM、NDVI 进行多尺度分割,构建多尺度的影像对象层次结构,再利用对象的特征信息进行基于规则的模糊分类。具体算法流程如图 4-23 所示。

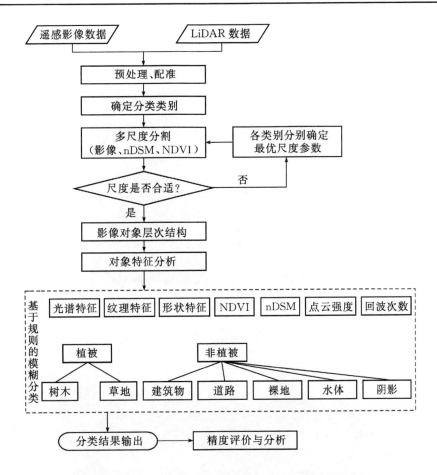

图 4-23 融合 LiDAR 点云与影像数据的建筑物分类流程

4.5.4 实验与分析

为了充分验证本章提出的融合 LiDAR 点云与影像数据的建筑物分类方法,本章选用一处范围较大的国外某矿区影像和 LiDAR 数据作为实验数据六,本章实验数据六的详细情况如表 4-9 所示,图 4-24(a)为数据六的原始影像,图 4-24(b)为数据六的 LiDAR 点云数据。

表 4-9　点云滤波实验数据详情

实验数据	点云数据				影像数据		
	数据量	点数	面积	点云密度	数据量	像素	分辨率
数据六	44 MB	1 610 089	530 m×530 m	3 pts/m²	110.6 MB	5887×5817	0.09 m

本章面向对象分类分为两个步骤,第一步先进行多尺度分割,不同于传统的影像分割,本章加入 LiDAR 提取的 nDSM 和 NDVI 参与分割,以提升分割精度,如图 4-25 为 nDSM 和 NDVI 内插生成的灰度图像。

（a）数据六原始影像

（b）数据六原始点云

图 4-24　实验数据六的原始影像和原始点云（彩图见附录）

（a）nDSM　　　　　　　　　　　　　　（b）NDVI

图 4-25　实验数据四的 nDSM 和 NDVI 图像

首先,分析实验数据六的图像可以看出,地物类别丰富,彩红外影像对植被较为敏感,城市建筑物四周也存在单株或小区块的植被绿化带、草坪等,建筑物阴影部分也可以作为一类;大部分地面都为硬质的道路,只有小范围的裸地分布在河流附近。由此可以确定分类类别为:建筑物、道路、树木、草地、裸地、水体、阴影共七类。

多尺度分割的关键是确定最优的分割尺度和参数,得到异质性最小且最贴合地物自然边界的影像对象。由于不同地物类别的不在同一尺度上,需要基于不同地物类别建立多尺度影像对象层次网络,依据前文提出的最优分割尺度选择方法进行穷举实验,并统计分析得出最优分割尺度及参数,如表 4-10 所示。

表 4-10　不同类别的最优分割尺度及参数

类别	分割尺度	形状因子	紧质度
树木	130	0.2	0.5
草地	140	0.1	0.5
裸地	150	0.2	0.5
阴影	150	0.1	0.5
道路	170	0.1	0.5
建筑物	180	0.3	0.7
水体	210	0.3	0.6

不同的分割尺度对应不同的地物类型,形状因子和紧质度参数,调节影像对象的最小异质性,各类别的影像对象分割如图 4-26 所示。

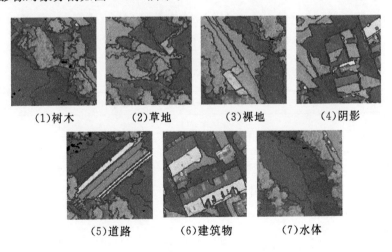

(1)树木　　　(2)草地　　　(3)裸地　　　(4)阴影

(5)道路　　　(6)建筑物　　　(7)水体

图 4-26　多尺度影像对象示意图(彩图见附录)

最后利用基于规则的模糊分类方法完成实验数据六的 7 个地物类别的分类。分类结果如图 4-27(b)所示。为了对比本章分类方法的效果,利用传统的最大似然法对实验数据六进行分类,结果如图 4 - 27(a)所示。

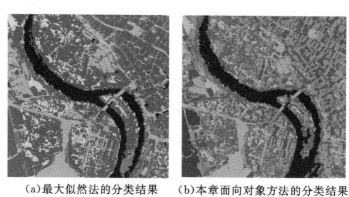

(a)最大似然法的分类结果　　(b)本章面向对象方法的分类结果

建筑物　道路　树木　草地　裸地　水体　阴影

图 4 - 27　数据六分类结果(彩图见附录)

从图 4 - 27 中可以看出,最大似然分类的结果有很多的细碎部分,"椒盐现象"严重,虽然植被部分能够识别出来,但草地与树木的区分度不大,两者混杂在一起,有明显的误分;水体与阴影也有明显的误分现象。对比面向对象的分类结果可以看出,整体分类结果比较平滑,边界自然过渡,误分现象明显减少。

对两种方法的分类结果,我们采用样本验证的方法进行精度评估。在实验数据六的影像上随机选取 1334 个样本,样本按均匀分布的原则,保证每个类别都有样本数据,采用人工判读的方式确定类别。然后对应于分类结果的类别,建立混淆矩阵,计算出生产者精度(Producer Accracy,PA)、用户精度(User Accracy,UA)、总体精度(Overall Accracy,OA)和 Kappa 系数。表 4 - 11 和表 4 - 12 分别为两种分类方法的精度评价表。

表 4 - 11　最大似然分类精度评价

分类/参考	建筑物	道路	树木	草地	裸地	水体	阴影	总计
建筑物	203	8	9	11	0	1	6	238
道路	22	186	4	7	0	5	11	235
树木	5	2	217	12	2	3	5	246
草地	4	13	14	111	5	2	1	150
裸地	3	3	7	4	44	0	4	65
水体	7	4	6	7	3	147	7	181
阴影	13	6	9	4	4	7	176	219
总计	257	222	266	156	58	165	210	1334
PA	78.99%	83.78%	81.58%	71.15%	75.86%	89.09%	83.81%	
UA	85.29%	79.15%	88.21%	74.00%	67.69%	81.22%	80.37%	

$$OA = 81.26\% \qquad Kappa = 0.7773$$

表 4-12　本章面向对象分类精度评价

分类/参考	建筑物	道路	树木	草地	裸地	水体	阴影	总计
建筑物	234	8	0	0	3	0	3	248
道路	10	204	1	0	0	0	10	225
树木	0	0	247	14	0	0	2	263
草地	0	0	14	142	2	0	1	159
裸地	0	5	0	0	52	0	0	57
水体	0	0	0	0	0	156	7	163
阴影	13	5	4	0	1	9	187	219
总计	257	222	266	156	58	165	210	1334
PA	91.05%	91.89%	92.86%	91.03%	89.66%	94.55%	89.05%	
UA	94.35%	90.67%	93.92%	89.31%	91.23%	95.71%	85.39%	

$$OA = 91.60\% \qquad Kappa = 0.9001$$

由表 4-11 可以看出,用传统的最大似然监督分类方法可以达到 81.26% 的总体精度,Kappa 系数为 0.7773,一般 Kappa 系数为 0.8 以上时,才算是满意的分类结果,所以,传统的最大似然分类效果不理想。从误差矩阵可以看出,各类别之间的分类结果都相互混杂,导致生产者精度和用户精度都比较低。特别是对于草地和裸地这两类的区分度较低,草地的 PA 只有71.15%,UA 为 74.00%,主要原因是草地的光谱特性与树木非常相近,是典型的同谱异物问题;裸地的精度更低,PA 为 75.86%,UA 为 67.69%,由于裸地的特征不是很明显,容易被误分为建筑物类别。

由表 4-12 的精度分析得出,本章面向对象分类的总体精度达到了 91.60%,Kappa 系数为 0.9001,表明本章所提的分类方法能明显改善传统分类方的不足,大幅提高分类精度。建筑物、树木类别因加入了 nDSM 的高程信息而精度进一步提升,对于建筑物附近的高树木的区域也能进行有效地区分。道路的提取精度达到 91.89% 的生产者精度和 90.67% 的用户精度,主要干道都可以准确地提取,只有少量阴影的区域缺少必要的识别信息而漏分。水体的性质比较单一,且可以利用点云信息的空白区域加以区分,水体的精度为 PA=94.55%,UA=91.23%。草地和裸地的分类精度较最大似然法有大幅度地提升,这也体现了本章面向对象方法的优势。

总体来看,通过对比实验和精度评价,本章融合 LiDAR 点云与影像数据的建筑物分类方法较传统基于像素的分类方法具有明显的优势,能够改善复杂地物的识别能力,提高了建筑物的分类提取精度。

最后,将影像分类提取出的建筑物结果矢量化后得到建筑物的初始轮廓线,与建筑物点云跟踪提取的建筑物轮廓进行匹配修正后,接着进行建筑物轮廓的转角规则化和精化处理,最终生成了完整闭合的建筑物轮廓多边形,如图 4-28(a)所示。经过将提取结果与原始影像叠加对比分析,如图 4-28(b)所示,可以看出本章方法提取得到的建筑物轮廓完美贴合影像上的建筑物边缘,细节和精度都达到了理想的效果,可以为矿区建筑物监测提供可靠的高精度数据支持。

(a)闭合精化后的建筑物轮廓　　　(b)提取的建筑物轮廓与原始影像对比

图 4-28　建筑物轮廓提取精确度对比图(彩图见附录)

4.6　本章小结

从 LiDAR 点云和影像数据中准确地提取出建筑物位置、形状及边界轮廓信息,是矿区建筑物精确监测的前提条件。本章融合影像信息和 LiDAR 点云数据的特征,优势互补,针对使用单一数据提取建筑物轮廓不完整及不精确的问题,在融合影像特征的 LiDAR 点云多特征加权分类的基础上,准确提取了建筑物 LiDAR 点云,并进一步提出了联合 LiDAR 点云与影像数据的建筑物轮廓提取的面向对象方法,先将影像与 LiDAR 数据生成的 nDSM 进行多尺度分割,生成具有均质性的影像对象,再利用对象的特征信息进行基于规则的模糊分类。在多尺度分割的过程中,提出了不同类别的最优分割尺度参数选择方法,构建了不同尺度的对象层次网络结构,并对模糊分类隶属函数的定义、模糊规则库的构建及分类流程进行了分析。最终,提取得到了边界完整、细节贴合的高精度建筑物边缘轮廓,通过实验验证了方法的可行性和精度效果。

第 5 章　基于视觉认知的矿区建筑物轮廓的分层聚类

　　第 4 章研究了融合 LiDAR 点云和影像数据的建筑物轮廓精确提取方法,本章将针对矿区建筑物监测及场景建模过程中,建筑物模型数据渲染和表达的效率问题,在建筑物多尺度表达和模型简化方面展开进一步研究。

　　数字矿区三维建模过程中,建筑物模型是最受关注的人工基础设施,多尺度的三维建筑物模型表达是当前研究的热点和难点问题。长期以来,矿区建筑物三维模型的多尺度表达主要集中在几何简化方面,且多数研究集中在单个模型的简化处理。然而实际上,对建筑物群落进行全局意义上的简化综合也同样重要,这不仅能够显示矿区建筑物的空间布局,还能显著提高三维模型显示和漫游的效率。但传统的单个模型简化方法运用于建筑物群中,会带来几何体简单地被删除或者难以辨别的问题。尤其大尺度的建筑群中,利用传统简化算法可能会带来整个居民区的删除,或者在比较居民区的建筑物与商业区的建筑物时,建筑物尺度上会存在明显的差别,因此对全局意义上的简化需要采用新的技术方法。

5.1　现有建筑物模型聚类概括方法分析

　　目前,国内外学者对全局上的三维简化方法的研究主要表现在以下两个方面:(1)基于几何特征的简化,主要集中在对距离的控制上。比如 Chang 等(2008)利用距离相近性质相似的原则,把距离作为一种简化要素,利用 single-link 进行聚类;Yang 等(2011)在 Chang 的基础上添加方位要素对其进行聚类。(2)基于形态学的简化方法,主要基于城市形态学的特征和 Gestalt 原理,保证建筑群落的可读性的特征,符合人类的空间认知习惯。比如 Zhang 等(2012)基于人类认知习惯,对其进行模拟和定量分析,提出一种基于认知的聚类算法;Kada(2011)在基于建筑物之间距离的基础上,利用基于形态学的操作方法,提出了一种混合聚类算法;刘文凯等(2016)从挖掘城市交通拥堵的角度研究了城市移动对象的聚类算法;Regnauld(2001)模仿二维地图综合方法,通过构建邻接图和最小生成树,并利用 Gestalt 准则对邻接图进行分割,以保证城市建筑群组的结构特征。上述方法在研究过程中,均基于距离等几何特征或基于视觉特征对建筑群组进行分类,并没有利用地理实体本身所特有的拓扑关系进行符合形态学中视觉认知和保持几何特征的综合分析。因此,本研究利用地理实体本身特有的拓扑关系,融入空间视觉认知的分析判断,结合矿区建筑物分布特征,对模型进行聚类概括,并进行分层存储。

三维矿区建模的目的是构建真实矿区环境的缩影,使之能够真实反映矿区整体上的结构布局、矿区内的各类活动并且能表现某些特定的功能。因此,建筑物模型是帮助人们理解三维矿区时空关系的必不可少的部分。三维矿区场景本身具有规模性和复杂性,大范围多细节的三维精细模型,使得三维矿区的实时可视化成为一个具有挑战性的问题。因此,有必要在保证一定空间几何精度的前提下,对三维矿区城市模型进行聚类概括,并使其符合人的视觉认知规律。这不仅能显著提高场景渲染绘制时的效率,同时也能获得关于矿区活动和结构布局的综合信息,可以有效地进行连续性监测分析。可基于形态学中视觉认知的规律对三维建筑模型进行全局意义上的聚类概括和分析,不仅可以得到矿区建筑物的整体布局,还能发现矿区建筑群疏密分布的规律,能够为监测分析提供数据支持。

地理空间中距离相近的地理实体在距离上的临近程度能够带来性质上的相似度,对于建筑物模型,基于距离的二维分类方法需要进行一定的扩充,需要考虑三维模型特有的高度等信息,并关注其模型的方向差、高度差等,以及全局上的城市形态学的特征和人类空间认知规律。本研究主要基于形态学中的视觉认知规律,在聚类过程中首先采用道路网分割保持城市建筑模型的整个结构特征,用空间认知相关的拓扑关系、方位关系、高度、面积等要素控制聚类的精度,进行全局聚类,在合并概括过程中,通过三角网和边界追踪算法的综合使用,尽量保证渲染交互的调配平衡,最后进行分层次存储。如图 5-1 所示,聚类概括主要包含模型聚类、模型合并概括以及分层次存储 3 个部分。

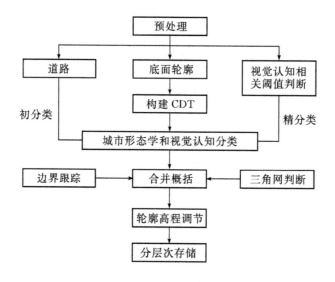

图 5-1　模型聚类概括流程

5.2　模型聚类

城市模型中,类别的划分跟人类的活动或者功能的相似性相关,本研究主要基于形态学中视觉认知的聚类方法,对城市模型进行聚类分析。形态学中,Gestalt 准则规定对模型聚类时需要考虑到临近性、相似性、连续性和方向性四方面特征(Zhao 等,2012)。根据城市形态学的可读性认知可将城市分为五大类要素:道路、边界、节点、区域和地标(Chang 等,2007)。道路是城市可读性认知极为重要的要素,纵横交错的道路网可以显现出整个城市的布局;地标则是需要关注到的特征点,标志性的建筑物在整个城市的格局上具有特殊的意义,所以在聚类的时候需要进行特定的处理,尽可能地保留城市的原有特征。根据这五大要素和 Gestalt 准则对三维建筑模型进行基于视觉认知的群组的聚类概括。

5.2.1　可约束三角网的建立

首先,利用 Gestalt 准则和地理空间中相邻的地理实体具有相似的特征的特点,构造 Delaunay 三角网来判断建筑之间的临近程度。Delaunay 三角网是由距离最近的三个点所构成的三角形,具有唯一性和稳定性的特点。利用 Delaunay 三角网的这一特性,通过构建 Delaunay 三角网来开始进行建筑物之间的聚类概括,进行图形的综合。

为方便后面的合并和聚类操作,本章不采用传统的基于面质心的三角网的构建方法(潘文斌等,2016),而是采用基于建筑物底面轮廓自动提取边界点或者顶点的算法自动建立三角网,在研究中设计了自动提取边生成 TIN 的算法和程序,生成的 TIN 如图 5-2 所示。

图 5-2　由自动提取边生成的 TIN(彩图见附录)

5.2.2　三角网的筛选

以边界点或者轮廓顶点为基准点来建立三角网的方式需要进行一些筛除遍历操作,通过筛选,保留正确的三角形连接,如图 5-3 所示。由于模型聚类过程是发生在不同模型之间的合并,对模型内部的结构和组成方式并不需要进行研究,因此对建立在模型内部的三角网要进行删除操作。这里主要是通过与底面轮廓图的叠加操作,删除位于轮廓图内部的三角网,保留能够体现建筑物之间关系的三角网(Mao 等,2011)。删除遍历之后对生成的三角网进行分析,存在两种情况:

(1)建立的某些三角网位于同一个建筑物面轮廓上,如图 5-3 中错误的连接三角形。

(2)建立的三角网位于不同的建筑物面轮廓上,如图 5-3 中正确的三角形。这里需要删除第一种情况中的错误三角形,保留第二种情况下能够反映建筑物之间合并关系的正确的三角形构网。对于第一种情况,分析发现能够通过凹凸的分析判断来对第一种情况中错误的三角网进行排除,并重构新的三角形,如图 5-4 中的实线三角形,保留第二种情况的合理三角网,综合生成 CDT(Constrained Delaunay Triangulation),如图 5-4 所示。

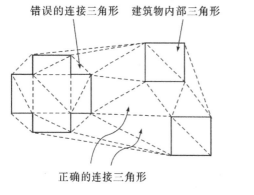
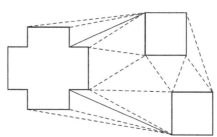

图 5-3　Delaunay 三角网　　　　　　　图 5-4　受约束三角网

CDT 建立后,根据城市的形态学的五个要素原则,对 CDT 继续进行划分,首先将 CDT 与道路网进行几何叠加。道路是控制整个城市布局的重要因素,基于道路要素的划分不仅符合城市形态学特征,而且能够提高分类的效率。利用道路网对建筑物模型进行粗分组,得到初分类结果 G1。

5.2.3　基于视觉认知的聚类分析

视觉认知是指在日常生活中,人类对地理空间中事物通过视觉判断获得信息的感知过程,包括地理信息的知觉、存储、记忆和解码的一系列心理过程。而知觉方式的不同是判断空间尺度划分的主要依据。根据不同尺度空间知觉方式不同,可以将空间划分为图形、街景、环境和地理空间。

人类活动或者功能区域的分布变化会造成城市的发展演变。城市规划时,在确定好重点功能区域后一般采用视觉认知方式对城市进行分区构建。所以在对建筑群组进行聚类分析的时候需要考虑到人类的视觉认知习惯,人们的视觉认知习惯一般有以下 3 种情况:

1.同向性或者同侧性

视觉上倾向于把位于道路同侧的建筑物默认为同一类(李德仁等,2011);方向相同或者相似的建筑物默认为一类。因此需要考虑利用拓扑关系进行建筑物位于道路同侧或道路异侧的判断,并分析建筑物之间的方位差。

2.面积相似性

视觉上倾向于把面积大小相似的建筑物归为一类。所以需要考虑建筑物之间的面积差。面积差超过一定数值,则需要重新进行分组。

3.高度

高度是三维建筑模型特有的特性。如果建筑物之间高度差控制在一定范围内,视觉上会倾向于归为一类。所以,需要考虑初分类后组内建筑物之间的高度差。此外,基于高度的分析能够快速判断出某些地标性的建筑物,而这些建筑物对于整个城市的格局和发展变化具有重要的指导意义。

道路网控制着整个城市的整体布局,所以首先利用城市道路网与 CDT 进行叠加分析,删除与道路网相交的 Delaunay 三角网。然后利用视觉认知中同侧性或者异侧性判断进行进一步的分类。通过面图层中拓扑关系判断并且标记建筑物与其相邻道路网的位置关系(同侧或者异侧),并对其进行赋值,同侧为 1,异侧为 0。将同侧的进行归类,得到初分类的结果 G2。在 G1 和 G2 的基础上,再利用视觉认知中方向、面积、高度三个要素分别进行分析,进一步精分类,得到分类结果如图 5-5 所示。

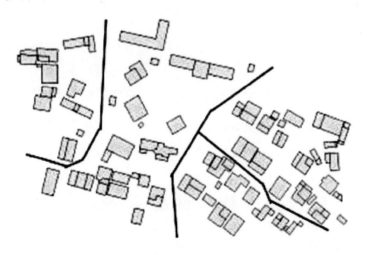

图 5-5　建筑模型精细聚类结果

1.方向

视觉上人们倾向于将方向一致的建筑物归为一类。本章使用线性检测的方法对方向进行判断。将建筑物的质心作为链接点,用线连接多个建筑物两两之间的质心,分析判断链接线行进方向之间的夹角,有以下三种情况:

(1)如果夹角为 0 度和 180 度,则判断同向,可以进行归类。

(2)如果夹角为锐角或直角,则断开链接线,从现有分组中提取出来,作为新的一类。

(3)如果夹角大于 90 度,则判断方向相似,也可以进行归类。

2.面积

面积也是三维建筑模型的一个比较重要的信息。面积大小的相似程度也可作为聚类的一种判断因素。面积一般与距离结合使用,作为一种复合的判定条件,以避免大量的重复计算,提高效率。方法如下:通过设定参数 δ_a 进行判断:

$$\delta_a = \partial \times \frac{a_i}{a_{\text{avg}}} \tag{5-1}$$

式中,∂ 表示权重,用该建筑物与相邻建筑物的最短距离来表示;a_i 表示建筑物 i 的面积;a_{avg} 表示建筑物群组的平均面积。对计算得到的参数 δ_a 进行升序排列,δ_a 相近的归为一类。

3.高度

作为三维建筑模型的重要特征,对于其分析判断具有极大的理论意义。基于高度的分析一般聚焦两种情况:

(1)地标性建筑物的提取。地标性建筑物的出现,能够影响整个城市的布局。在城市规划中,一般以地标性建筑物为聚集点,形成明显的疏密分级以及功能区的分区。

(2)建筑物之间高度差的判定,能够进行二次分类。分析方法如下:设定一个参数 δ_h,通过判断其与所设置阈值的大小关系来进行筛选和分类。

$$\delta_h = \frac{h_i}{h_{\text{avg}}} \times \left(1 - \frac{a_i}{\sum_{i=1}^{n} a_i}\right) \tag{5-2}$$

式中,a_i 是该建筑物在建筑物群落中的权重值,也就是该建筑物的底面轮廓的面积;h_{avg} 是该建筑物群组的平均高度;h_i 是该建筑物的高度。如果 δ_h 大于阈值 $\frac{h_{\text{avg}}}{\lambda}$,则将该建筑物提取出来,作为单独的一组;反之,则两两归为一类。

5.3 模型的合并概括

对模型聚类分组完成后,需要对组内的模型进行合并。这里主要考虑对几何体的合并。对几何体的合并,首先需要将两个原始几何体轮廓合并为一个新的几何体轮廓,然后对新生成的几何体轮廓进行概括。本章采用 Delaunay 三角网和边界追踪综合考虑的方式进行合并操作,既考虑到交互时的效率和渲染效率,又符合视觉认知规律性。

对模型进行合并,必须考虑聚类后的建筑物组轮廓和原有群组模型轮廓之间产生的面积差别($a_{negative}$),这可能会在交互和可视化渲染的时候影响运行的效率。

在可视化和渲染过程中,聚类模型和原始模型精度会有所差异。差异性主要体现在两个方面:第一是来自垂直方向的变化,即高度的改变。聚类后建筑群组的高度是一定的,而群组内实际建筑物的高度不一定相同。第二是来自水平方向的变化,主要是面积的变化,即($a_{negative}$)的出现。聚类之后的群组面积会明显大于聚类前的面积,所以在渲染和可视化的时候需要进行效率和数据量之间的平衡。

因此,通过 Delaunay 三角网进行合并,采用边界追踪分析方法进行判断,即首先构建多边间的 Delaunay 三角网,如图 5-6(a)所示,然后基于四邻域或八邻域边界追踪分析原理对三角网边进行追踪分析。分析结果根据方向视觉角度做进一步筛选。通过设定角度阈值,这里根据经验值(Zhang 等,2012)设置为 135°,即方向夹角在 0°~135°视觉效果最佳,适合聚为一类。如果角度不超过设定的阈值 135°,则保留初步合并后的轮廓,如图 5-6(b)所示;否则,需要重新进行合并和分析,直到满足条件为止。

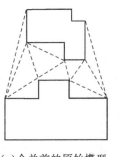 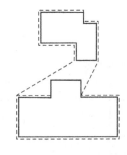

(a)合并前的原始模型　　　　　　(b)合并后的模型

图 5-6　建筑模型的合并

在可视化和渲染过程中,聚类模型和原始模型的精度会有所差异,主要体现在两方面:第一是来自水平方向的变化,即面积的改变。聚类后的群组面积会明显大于聚类前的面积,所以在渲染和可视化时,需要进行运行效率和数据量之间的平衡。第二是来自垂直方向的变化,即高度的改变。聚类后建筑群的高度是一定的,而群组内实际建筑物的高度不一定相同,因此,在合并过程中必须考虑高度的合并调整。合并后模型的高度 h 如式(5-3)所示。

$$h = \frac{\sum_{i=1}^{n} h_i \times \partial_i}{\sum_{i=1}^{n} \partial_i} \tag{5-3}$$

式中,∂_i 表示权重,这里主要是考虑 i 模型的底面轮廓面积;h_i 表示 i 模型的高度。

5.4　模型的分层次存储

　　利用树结构来对分类之后的模型进行存储。对树结构的减枝可以得到不同层次的模型。因为聚类概括过程中并没有新顶点的产生，都是原顶点的子集的形式，所以可以将原模型的顶点进行单独存储。在存储的时候，为了节省存储空间，分层次存储模型顶点的识别码，每个识别码包括空间属性与地物类属性，如图 5-7 所示。

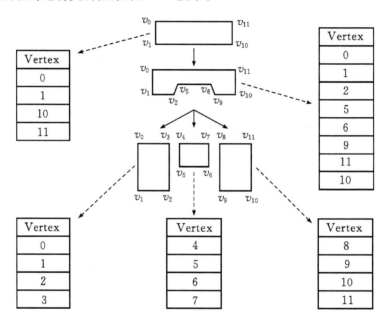

图 5-7　建筑层次模型的树状存储结构

　　图 5-7 中，从上至下分为 3 层，细节层次依次增加。每层由若干个顶点组成，每个顶点包含有坐标及高度信息，可根据对建筑模型不同的细节层次需求访问模型相应的存储结构。在渲染时可以通过阈值的控制来自动调用存储的分层次的建筑概括模型，达到可视化渲染和数据细节表现的均衡，同时满足应用需求。

5.5　实验与分析

5.5.1　实验环境及数据来源

　　为了充分验证本章提出的基于视觉认知理论的三维建筑群模型分层聚类概括方法，本章选取我国西北某矿区的建筑物轮廓、道路数据作为实验数据七。

　　实验硬件环境为：操作系统 Windows7，处理器 Inter(R) Core(TM) i5 CPU 2.53GHz，内

存 2.00GB；

开发环境：Microsoft Visual Studio 2010 和 ArcEngine；

可视化工具：OpenGL 开发包。

5.5.2　聚类实验

实验过程如下：

（1）基于建筑物底面轮廓的面数据，自动提取边界点或者顶点，并自动构建 Delaunay 三角网，如图 5 - 8 所示。

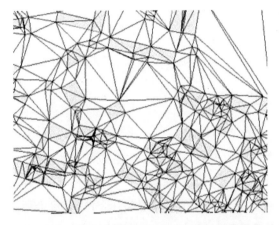

图 5 - 8　实验数据七：Delaunay 三角网构建（彩图见附录）

（2）对初步建立的三角网进行道路网的分割和控制，选择有效连接的三角网，并利用所设定的方向、面积、高度的阈值分别进行遍历分析判断，得到分类结果。

（3）选择 Delaunay 三角网和边界追踪相结合的方法进行模型合并。部分测试区域（见图 5 - 9）的聚类概括实验结果如图 5 - 10 所示，并对该算法进行了大范围的算法效率测试。

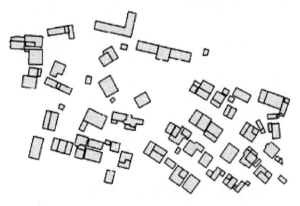

图 5 - 9　实验数据七测试区域

从图 5 - 10 可以看出：将实验测试区聚类出 28 个群组，通过检查每个群组内的各个建筑物的纹理、面积、高度、方向等特征后发现：组内上述特征均较为一致；模型排列也较符合人的视觉感知;聚类结果的分类性也比较一致。

图 5-10 测试区域聚类概括结果

5.5.3 结果对比分析

将本章算法与 Chang(2008)算法进一步对比研究,选取某一测试区的原始数据,如图 5-11(a)所示,图中右边的多边形的细节层次明显比左边的丰富。研究发现:Chang 算法是先将需要进行合并的两个模型组成凸四边形,如图 5-11(b)所示,然后逐渐迭代细分得到概括结果,如图 5-11(d)所示,因此算法中存在这种情况:同时进行聚类概括的同一建筑物模型出现在不同的概括层次。本章算法则是通过每一步的阈值控制,使得对于不同的模型概括层次能够达到相对统一,本章算法的聚类结果如图 5-11(c)所示。

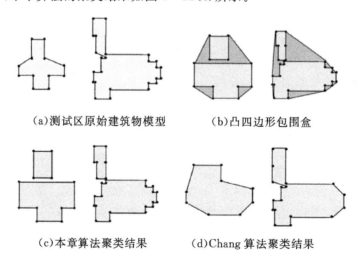

(a)测试区原始建筑物模型　　　　(b)凸四边形包围盒

(c)本章算法聚类结果　　　　(d)Chang 算法聚类结果

图 5-11 本章算法与 Chang 算法聚类概括结果对比

进一步对本章算法与 Chang 算法的运行效率进行对比测试,针对图 5-9 中的实验测试区数据,对比两种算法模型聚类的耗费时间,结果见表 5-1。

表 5－1　两种算法聚类的耗费时间对比

建筑物数量/个	顶点数据/个	本章算法聚类耗费时间/s	Chang 算法聚类耗费时间/s
200	2876	10	12
350	3650	15	19
450	4791	25	32
1100	7561	45	59

分析可以看出：

(1)随着建筑物模型数据量的增加,聚类耗费的时间呈二次曲线增加;

(2)本章算法在效率上优于 Chang 算法。

5.6　本章小结

针对矿区三维建筑模型渲染与概括的应用效率低的问题,本章提出了一种基于视觉认知理论的矿区建筑物模型聚类概括方法,采用道路网的分割方式,充分利用了形态学的特征,以此保证结构不变性,同时引入了拓扑关系、高度阈值、面积阈值、方位阈值等与人的空间认知视觉特性相关因素,提高了聚类精度。研究结果表明：

(1)整体分组效果能够符合人的视觉认知规律,组内的各个建筑模型面积、高度、方向等特征也较为一致,模型的排列符合视觉认知和 Gestalt 准则。

(2)利用地标模型能够充分保留矿区原有的特征,更加符合人的认知习惯。

(3)视觉认知相关阈值和约束条件的应用,能够比较灵活而精确地得到所需精细程度的模型,而 Delaunay 三角网和边界追踪的联合使用,有效减少了原有模型和现有模型的面积的差别,减轻渲染时不必要的数据处理负担。

(4)通过方向、面积、高度等视觉认知相关阈值的控制,对于不同模型,其概括层次能达到相对的统一,有利于后面的模型的分层存储和渲染,与传统的 Chang 算法有明显的改善。

第6章 总结与展望

6.1 总结

在信息技术飞速发展的今天,地理空间信息是对全球地理空间认知最基础的数据描述。在国家层面,利用地理空间信息技术对自然资源进行全方位地调查与监测也受到了前所未有的重视。遥感技术手段采集的空间数据呈海量级增长,如何快速地从海量多源数据中提取精确、可用的信息是现在面临的首要难题之一。遥感影像数据朝着超高分辨率方向发展,从而可以识别出更小尺度的地物细节,而新兴的 LiDAR 探测技术从三维方向进一步扩展了空间信息维度,使遥感数据的信息表达几乎接近现实中人眼的感知效果。在矿区三维建模和监测过程中,如何利用多源遥感数据,快速地识别提取出精确的,诸如建筑物等的关键地物特征,为矿区的三维虚拟展示及全方位的监测分析提供强有力的技术支持,是亟待解决的关键性问题之一。

本书针对目前矿区建筑物信息提取过程中的关键问题,融合 LiDAR 数据与高分辨率遥感数据进行基于多源数据的建筑物轮廓提取相关的研究。分析了 LiDAR 数据在三维空间信息方面的特点与优势,并结合高分辨率遥感影像丰富的光谱和纹理信息,将两者的优势进行结合,弥补了各自的不足。首先概述了 LiDAR 系统的原理及其数据处理过程,对矿区复杂环境下 LiDAR 点云滤波难点进行分析,提出了一种改进的多特征滤波方法,并提出了一种高效的点云分割方法;进一步研究 LiDAR 点云数据和影像数据的特征选择与提取,用于矿区建筑物轮廓的精确提取过程中;最后对矿区建筑物轮廓的分层聚类方法进行研究。总体来说,本书的主要研究内容有以下几点:

(1)总结和分析了机载 LiDAR 系统的基本原理,概述了 LiDAR 数据的特点,并对 LiDAR 数据预处理过程进行阐述。详细阐述了 LiDAR 数据与影像数据配准的基本原理和主要方法,为后续数据处理及 LiDAR 数据与高分辨率遥感数据融合的信息提取提供了基础和理论依据。

(2)针对矿区 LiDAR 点云数据离散性盲目性的特点,为了有效地区分地面点和地物点,对 LiDAR 点云的滤波方法进行研究。首先分析了 LiDAR 点云滤波的基本原理,总结了矿区复杂环境下滤波过程中存在的难点区域,并详细总结和分析了现有滤波方法在解决难点区域滤波时的不足之处,分析了 LiDAR 点云数据自身的信息和几何特征,并融合遥感影像的光谱信息用于滤波过程,提出了融合多特征的 LiDAR 点云数据滤波方法,加入了多种特征作为滤波判断条件,有效地减少了单一条件滤波出现的漏分和误分现象,提高了整体滤波精度。进一步提出一种顾及几何特征的规则激光点云分割方法,以八叉树空间划分方式对数据进行组织,结合 K 邻近搜索法获取目标点的局部邻近点,采用加权平均目标点相邻的三角面片法向量来估算单点法向量,基于投影欧氏距离拟合曲面求取曲率,量化了规则点云集的分割约束条件,采用法向量信息来进行平面点的提取,根据曲率在两个主方向上的差异性来识别和分割柱面和球面信息。并通过实验结果验证了基于几何特征的规则激光点分割方法合理可行。

(3)为了满足矿区建筑物精确监测的需求,准确地提取出建筑物位置、形状及边界轮廓信息,针对使用单一数据提取建筑物轮廓不完整和不精确的问题,融合影像信息和 LiDAR 点云数据的特征,用于特征加权支持向量机的多特征点云分类,提取出了准确的建筑物点云数据。在此基础上,进一步提出了融合 LiDAR 点云与影像数据的建筑物轮廓提取的面向对象方法,先将影像与 LiDAR 数据生成的 nDSM 进行多尺度分割,生成具有均质性的影像对象,再利用对象的特征信息进行基于规则的模糊分类。在多尺度分割的过程中,提出了不同类别的最优分割尺度参数选择方法,构建了不同尺度的对象层次网络结构,并对模糊分类隶属函数的定义、模糊规则库的构建及分类流程进行了分析。最终,提取得到了边界完整、细节贴合的高精度建筑物边缘轮廓,通过实验验证了方法的可行性和精度效果。

(4)针对矿区三维建筑模型渲染与概括的应用效率低的问题,提出了一种基于视觉认知理论的矿区建筑物模型聚类概括方法。该方法利用道路要素对矿区场景进行粗划分;然后利用方向、面积、高度等空间认知要素及其拓扑关系约束进行精分类,使其符合形态学特征;采用 Delaunay 三角网和边界追踪综合算法进行模型合并概括,并对模型进行分层存储。应用典型矿区建筑群模型进行验证,结果表明:该算法简化效率高,分类结果符合人的认知习惯,并且通过聚类概括过程中各阈值的自适应控制,对于不同的模型,概括层次能够达到相对统一。

本书的主要特色及创新点如下:

(1)利用 LiDAR 点云的特征和影像的光谱特征等多种特征作为滤波的判断条件,提出了一种融合多特征的 LiDAR 点云数据滤波和分割方法,避免了单一条件滤波出现的漏分和误分现象,提高了点云滤波和分割的精度。

(2)提出了一种融合影像特征的 LiDAR 点云特征加权支持向量机分类方法,利用特征权重对传统 RBF-SVM 进行了改进,提高了建筑物点云分类提取的精度。

(3)提出了一种融合 LiDAR 点云和影像特征的建筑物提取的面向对象方法,基于先分割再分类的思想,建立了一种最优分割尺度的选择的策略,利用基于规则的模糊分类器完成分类,提高了建筑物轮廓提取的精度。

(4)提出了一种基于视觉认知理论的矿区建筑物模型聚类概括方法,引入拓扑关系、高度阈值、面积阈值、方位阈值等与空间视觉认知相关的因素,提高了建筑物分层次聚类的精度。

6.2　研究展望

多源数据融合一直是遥感应用领域的热门方向之一,仍然存在诸多难题需要解决。本书针对 LiDAR 点云数据与遥感影像融合进行矿区建筑物提取相关问题进行了研究,由于时间的限制,还需要进一步完善和深入研究,今后的主要研究方向主要有以下几点:

(1)进一步挖掘 LiDAR 点云的特征和影像特征。在机器学习和模式识别领域,特征提取的精度是决定分类精度的重要因素,如何进行更多更精确特征分析和提取是今后改进一个重要方向。例如,可以考虑将 LiDAR 数据全波形特征及多光谱特征,借鉴人工智能及深度学习等算法思想进一步提高地物分类的效率和精度。

(2)加强更多矿区地物类别的分类和提取方法的研究。LiDAR 点云和高分辨率遥感影像都包含着丰富的特征,将两者联合起来就可以识别出更丰富的地物类别,进而做到更深层次的精细分类,将会扩展更广泛的应用领域。如矿区树种的精细分类、农作物的精细分类和灾害识别与监测等都是非常具有实用价值的研究方向。

(3)本研究主要考虑到视觉认知中的几何特征和拓扑特性,从而达到符合视觉认知效果的分类结果。纹理作为视觉认知中判断分析的一个较为有效而又快捷的方式,通过对纹理信息的比较精确的度量分析,用来提高分类效率和可视化结果,也是今后进一步研究的方向。

参考文献

曹雪,柯长青,2006.基于对象级的高分辨率遥感影像分类研究[J].遥感信息(5):27-30.

曾齐红,2009.机载激光雷达点云数据处理与建筑物三维重建[D].上海:上海大学.

陈杰,2010.高分辨率遥感影像面向对象分类方法研究[D].长沙:中南大学.

陈蒙蒙,周绍光,刘文静,等,2017.LiDAR点云与遥感影像结合提取建筑物轮廓[J].地理空间信息,15(2):30-32.

陈秋晓,骆剑承,周成虎,等,2004.基于多特征的遥感影像分类方法[J].遥感学报,8(3):239-245.

陈永枫,徐青,邢帅,等,2013.基于扫描线和虚拟格网的LiDAR点云数据非兴趣点剔除方法[J].测绘工程,22(6):27-30.

陈云浩,冯通,史培军,等,2006.基于面向对象和规则的遥感影像分类研究[J].武汉大学学报·信息科学版,31(4):316-320.

程亮,龚健雅,李满春,等,2009.集成多视航空影像与LiDAR数据重建3维建筑物模型[J],测绘学报,38(6):494-501.

程亮,李满春,龚健雅,等,2013.LiDAR数据与正射影像结合的三维屋顶模型重建方法[J].武汉大学学报·信息科学版,38(2):208-211.

程效军,程小龙,胡敏捷,等,2016.融合航空影像和LIDAR点云的建筑物探测及轮廓提取[J].中国激光,43(5):253-261.

崔一娇,朱琳,赵力娟,2013.基于面向对象及光谱特征的植被信息提取与分析[J].生态学报,33(3):867-875.

邓非,2006.LIDAR数据与数字影像的配准和地物提取研究[D].武汉:武汉大学.

董保根,2013.机载LiDAR点云与遥感影像融合的地物分类技术研究[D].郑州:解放军信息工程大学.

杜凤兰,田庆久,夏学齐,等,2004.面向对象的地物分类法分析与评价[J].遥感技术与应用,19(1):20-23.

杜全叶,2010.无地面控制的航空影像与LiDAR数据自动高精度配准[D].武汉:武汉大学.

符小俐,鲍峰,王卫安,2011.一种从机载LiDAR点云获取建筑物外部轮廓的方法[J].测绘工程,20(1):40-43.

龚健雅,2007.对地观测数据处理与分析进展[M].武汉:武汉大学出版社.

管海燕,邓非,张剑清,等,2009.面向对象的航空影像与 LiDAR 数据融合分类[J].武汉大学学报·信息科学版,34(7):830-833.

管海燕,2009.LiDAR 与影像结合的地物分类及房屋重建研究[D].武汉:武汉大学.

郭珍珍,俞礼彬,彭刚跃,2017.基于机载 LiDAR 点云数据的建筑物轮廓线规则化[J].勘察科学技术,(2):22-25.

韩文军,左志权,2012.基于三角网光滑规则的 LiDAR 点云噪声剔除算法[J].测绘科学,37(6):153-154.

黄慧萍,吴炳方,李苗苗,等,2004.高分辨率影像城市绿地快速提取技术与应用[J].遥感学报,8(1):68-74.

蒋晶珏,张祖勋,明英,2007.复杂城市环境的机载 Lidar 点云滤波[J].武汉大学学报·信息科学版,32(5):402-405.

赖旭东,万幼川,2005.一种针对激光雷达强度图像的滤波算法研究[J].武汉大学学报·信息科学版,30(2):158-160.

赖旭东,2006.机载激光雷达数据处理中若干关键技术的研究[D].武汉:武汉大学.

黎展荣,王龙波,2006.利用高分辨率影像计算城市绿地覆盖率[J].测绘通报(12):51-53.

李珵,卢小平,李向阳,2013.基于面向对象的建筑物轮廓协同提取方法[J].测绘通报,(5):66-69.

李德仁,赵中元,赵萍,2011.城市规划三维决策支持系统设计与实现[J].武汉大学学报·信息科学版,5(5):505-509,502.

李卉,李德仁,黄先锋,等,2009.一种渐进加密三角网 LIDAR 点云滤波的改进算法[J].测绘科学,34(3):39-40.

李军杰,2013.SWDC-4A 数字航测系统的关键技术与应用[D].北京:首都师范大学.

李树楷,薛永祺,2010.高效三维遥感集成技术系统[M].北京:科学出版社.

李勇,吴华意,2008.基于形态学梯度的机载激光扫描数据滤波方法[J].遥感学报,12(4):633-639.

李云帆,龚威平,林俞先,等,2014.LiDAR 点云与影像相结合的建筑物轮廓信息提取[J].国土资源遥感,26(2):54-59.

刘经南,张小红,李征航,2002.影响机载激光扫描测高精度的系统误差分析[J].武汉大学学报·信息科学版,27(2):111-117.

刘文凯,唐建波,蔡建南,等,2016.面向城市交通应用的移动对象聚类算法比较研究[J].地理与地理信息科学,32(6):69-74.

刘信伟,靖常峰,罗德利,等,2013.一种提高三维点云特征点提取精度的方法探讨[J].城市勘测(1):9-11.

罗小波,赵春晖,潘建平,等,2011.遥感图像智能分类及其应用[M].北京:电子工业出版社.

罗伊萍,2010.LIDAR 数据滤波和影像辅助提取建筑物[D].郑州:解放军信息工程大学.

骆社周,2012.激光雷达遥感森林叶面积指数提取方法研究与应用[D].北京:中国地质大学.

马洪超,姚春静,邬建伟,2012.利用线特征进行高分辨率影像与 LiDAR 点云的配准[J].武汉大学学报·信息科学版,37(2):136-140.

莫登奎,林辉,孙华,等,2005.基于高分辨率遥感影像的土地覆盖信息提取[J].遥感技术与应用,20(4):411-414.

潘文斌,刘坡,周洁萍,等,2016.基于房屋轮廓与纹理的三维建筑模型分层次聚类研究[J].地球信息科学,18(3):406-415.

彭检贵,马洪超,邬建伟,等,2012.一种去除机载 LiDAR 航带重叠区冗余点云的方法[J].计算机工程与应用,48(32):33-38.

钱巧静,谢瑞,张磊,等,2005.面向对象的土地覆盖信息提取方法研究[J].遥感技术与应用,20(3):338-342.

乔纪纲,刘小平,张亦汉,2011.基于 LiDAR 高度纹理和神经网络的地物分类[J].遥感学报,15(3):539-553.

沈晶,刘纪平,林祥国,2011.用形态学重建方法进行机载 LiDAR 数据滤波[J].武汉大学学报·信息科学版,36(2):167-170.

苏伟,李京,陈云浩,等,2007.基于多尺度影像分割的面向对象城市土地覆被分类研究——以马来西亚吉隆坡市城市中心区为例[J].遥感学报,11(4):521-530.

苏伟,孙中平,赵冬玲,等,2009.多级移动曲面拟合 LIDAR 数据滤波算法[J].遥感学报,13(5):827-839.

苏簪铀,邱炳文,陈崇成,2009.基于面向对象分类技术的景观信息提取研究[J].遥感信息(2):42-46.

隋立春,张熠斌,柳艳,等,2010.基于改进的数学形态学算法的 LiDAR 点云数据滤波[J].测绘学报,39(4):390-396.

孙崇利,苏伟,武红敢,等,2013.改进的多级移动曲面拟合激光雷达数据滤波方法[J].红外与激光工程,42(2):349-354.

孙金彦,王春林,钱海明,2017.利用 LIDAR 数据及高分辨率影像的建筑物信息提取[J].安徽水利水电职业技术学院学报,17(4):1-4.

孙美玲,李永树,陈强,等,2013.融合序列形态学算子的城区 LiDAR 滤波方法[J].西南交通大学学报,48(6):1038-1044.

孙晓霞,张继贤,刘正军,2006.利用面向对象的分类方法从 IKONOS 全色影像中提取河流和道路[J].测绘科学,31(1):62-63.

孙志英,赵彦锋,陈杰,等,2007.面向对象分类在城市地表不可透水度提取中的应用[J].地理科学,27(6):837-842.

陶超,谭毅华,蔡华杰,等,2010.面向对象的高分辨率遥感影像城区建筑物分级提取方法[J].测绘学报,39(1):39-45.

王彩艳,王瑷玲,王介勇,等,2014.基于面向对象的海岸带土地利用信息提取研究[J].自然资源学报,29(9):1589-1597.

王春林,孙金彦,周绍光,等,2017.影像辅助下 LiDAR 数据建筑物轮廓信息提取[J].国土资源遥感,29(1):78-85.

王丽英,2011.面向航带平差的机载 LiDAR 系统误差处理方法研究[D].阜新:辽宁工程技术大学.

王蒙,隋立春,黎恒明,2010.机载 LiDAR 点云数据的航带拼接研究探讨[J].测绘通报(7):5-8.

王启田,林祥国,王志军,等,2008.利用面向对象分类方法提取冬小麦种植面积的研究[J].测绘科学,33(2):143-146.

王刃,朱新慧,江振治,2014.基于改进的逐行双向标识法机载 LiDAR 数据滤波技术[J].测绘通报(2):83-86.

王卫红,夏列钢,骆剑承,等,2011.面向对象的遥感影像多层次迭代分类方法研究[J].武汉大学学报·信息科学版,36(10):1154-1158.

王雪,李培军,姜莎莎,等,2016.利用机载 LiDAR 数据和高分辨率图像提取复杂城区建筑物[J].国土资源遥感,28(2):106-111.

王植,李慧盈,吴立新,等,2012.基于 RANSAC 模型的机载 LiDAR 数据中建筑轮廓提取算法[J].东北大学学报(自然科学版),33(2):271-275.

韦雪花,2013.轻小型航空遥感森林几何参数提取研究[D].北京:北京林业大学.

邬建伟,2008.机载 LIDAR 系统检校和航带平差方法研究[D].武汉:武汉大学.

吴健生,刘建政,黄秀兰,等,2012.基于面向对象分类的土地整理区农田灌排系统自动化识别[J].农业工程学报,28(8):25-31.

徐景中,2008.基于 LIDAR 点云的 DTM 重建及道路特征提取的关键技术研究[D].武汉:武汉大学.

徐文学,2013.基于标记点过程的机载激光扫描点云建筑物提取[D].武汉:武汉大学.

许振辉,刘玲,闫梦龙,2011.融合影像信息的 LiDAR 点云滤波[J].公路(3):167-170.

薛宁静,2011.多类支持向量机分类器对比研究[J].计算机工程与设计,32(5):1792-1795.

杨耘,隋立春,2010.面向对象的 LiDAR 数据多特征融合分类[J].测绘通报(8):11-14.

尤红建,2006.激光三维遥感数据处理及建筑物重建[M].北京:测绘出版社.

于海洋,程钢,张育民,等,2011.基于 LiDAR 和航空影像的地震灾害倒塌建筑物信息提取[J].国土资源遥感(3):77-81.

员永生,2010,基于支持向量机分类的面向对象土地覆被图像分类方法研究[D].杨凌:西北农林科技大学.

袁枫,2010.机载 LIDAR 数据处理与土地利用分类研究[D].徐州:中国矿业大学.

张帆,黄先锋,李德仁,2008.激光扫描与光学影像数据配准的研究进展[J].测绘通报(2):7 - 10.

张靖,张晓君,江万寿,等,2011.一种改进的线性预测滤波算法[J].国土资源遥感(1):52 - 56.

张靖.2011.物探飞行模式下的机载 LiDAR 数据与影像配准研究[D].武汉:武汉大学.

张良,马洪超,高广,等,2014.点、线相似不变性的城区航空影像与机载激光雷达点云自动配准[J].测绘学报,43(4):372 - 379.

张小红,2002.机载激光扫描测高数据滤波及地物提取[D].武汉:武汉大学.

张小红,2007.机载激光雷达测量技术理论与方法[M].武汉:武汉大学出版社.

赵峰,2007.机载激光雷达数据和数码相机影像林木参数提取研究[D].北京:中国林业科学研究院.

朱述龙,朱宝山,王红卫,2006.遥感图像处理与应用[M].北京:科学出版社.

左志权,张祖勋,张剑清,2012a.三维有限元分析的 LIDAR 点云噪声剔除算法[J].遥感学报,16(2):297 - 309.

左志权,张祖勋,张剑清,2012b.知识引导下的城区 LiDAR 点云高精度三角网渐进滤波方法[J].测绘学报,41(2):246 - 251.

左志权,2011.顾及点云类别属性与地形结构特征的机载 LiDAR 数据滤波方法[D].武汉:武汉大学.

Abedinia A,Hahnb M,Samadzadegana F,2008. An investigation into the registration of LI-DAR intensity data and aerial images using the SIFT approach[J]. The International Archives of the Photogrammetry, Remote Sensing and Spatial Information Sciences, 37 (B1): 169 - 174.

Ackermann F,1999. Airborne laser scanning-present status and future expectations[J]. IS-PRS Journal of Photogrammetry and Remote Sensing,54(2): 64 - 67.

Axelsson P,1999. Processing of laser scanner data-algorithms and applications[J]. ISPRS Journal of Photogrammetry and Remote Sensing,54(2): 138 - 147.

Axelsson P,2000. DEM GENERATION FROM LASER SCANNER DATA USING ADAPTIVE TIN MODELS[J]. The International Archives of the Photogrammetry, Remote Sensing and Spatial Information Sciences,33(B4): 110 - 117.

Baatz M,Schäpe A,2000. Multiresolution Segmentation: an optimization approach for high quality multi-scale image segmentation[C]// Angewandte Geographische Informationsverarbeitung XI. Beiträge zum AGIT-Symposium Salzburg 1999.Karlsruhe: Herbert Wichmann Verlag.

Badea D, Jacobsen K, 2004. Using break line information in filtering process of a Digital Surface Model[J]. The International Archives of the Photogrammetry, Remote Sensing and Spatial Information Sciences, 35(B3): 267 - 272.

Baltsavias E P, 1999. A comparison between photogrammetry and laser scanning[J]. ISPRS Journal of Photogrammetry and Remote Sensing, 54(2): 83 - 94.

Baltsavias E P, 1999. Airborne laser scanning: basic relations and formulas[J]. ISPRS Journal of Photogrammetry and Remote Sensing, 54(2): 199 - 214.

Baltsavias E, Mason S, Stallmann D, 1995. Use of DTMs/DSMs and orthoimages to support building extraction[M]. Springer.

Bartels M, Wei H, Mason D C, 2006. DTM generation from LIDAR data using skewness balancing[C]// Proceedings of the 18th International Conference on Pattern Recognition (ICPR 2006), 20-24 August 2006, Hong Kong, China. IEEE Computer Society, 566 - 569.

Bartels M, Wei H, 2010. Threshold-free object and ground point separation in LIDAR data [J]. Pattern Recognition Letters, 31(10): 1089 - 1099.

Bauer T, Steinnocher K, 2001. Per-parcel land use classification in urban areas applying a rule-based technique[J]. GeoBIT/GIS(6): 24 - 27.

Benediktsson J, Swain P H, Ersoy O K, 1990. Neural network approaches versus statistical methods in classification of multisource remote sensing data[J]. IEEE Transactions on geoscience and remote sensing, 28(4): 540 - 552.

Bentley J L, 1975. Multidimensional binary search trees used for associative searching[J]. Communications of the ACM, 18(9): 509 - 517.

Benz U C, Hofmann P, Willhauck G, et al, 2004. Multi-resolution, object-oriented fuzzy analysis of remote sensing data for GIS-ready information[J]. ISPRS Journal of photogrammetry and remote sensing, 58(3): 239 - 258.

Benz U C, Pottier E, 2001. Object based analysis of polar metric SAR data in alpha-entropy-anisotropy Decomposition Using Fuzzy Classification by eCognition[C]// International Geoscience and Remote Sensing Symposium. IEEE, 1427 - 1429.

Blaschke T, Lang S, Hay G, 2008. Object Based Image Analysis[M]. Heidelberg, Berlin, New York: Springer.

Blaschke T, 2010. Object based image analysis for remote sensing[J]. ISPRS Journal of Photogrammetry and Remote Sensing, 65(1): 2 - 16.

Bock M, Xofis P, Mitchley J, et al, 2005. Object-oriented methods for habitat mapping at multiple scales-Case studies from Northern Germany and Wye Downs, UK[J]. Journal for nature Conservation, 13(2): 75 - 89.

Briese C, Pfeifer N, 2001. Airborne laser scanning and derivation of digital terrain models [C]// Gruen A, Kahmen H. Proceedings of the 5th Conference on Optical 3D Measurement Techniques, Vienna, Austria. 80 – 87.

Brown L G, 1992. A survey of image registration techniques[J]. ACM computing surveys (CSUR), 24(4): 325 – 376.

CHANG R, BUTKIEWICZ T, ZIEMKIEWICZ C, et al, 2008. Legible simplification of textured urban models[J]. IEEE Computer Graphics and Applications, 28(3):27 – 36.

CHANG R, WESSEL G, KOSARA R, et al. 2007. Legible cities: Focus dependent multiple-resolution visualization of urban relationships[J]. IEEE Transactions on Visualization and Computer Graphics, 13(6):1169 – 1175.

Chen Q, Gong P, Baldocchi D, et al, 2007. Filtering airborne laser scanning data with morphological methods[J]. Photogrammetric Engineering & Remote Sensing, 73(2): 175 – 185.

Cheng L, Tong L, Chen Y, et al, 2013. Integration of LiDAR data and optical multi-view images for 3D reconstruction of building roofs[J]. Optics and Lasers in Engineering, 51 (4): 493 – 502.

Cortes C, Vapnik V, 1995. Support Vector Networks[J]. Machine Learning, 20(3): 273 – 295.

Dold C, Brenner C, 2006. REGISTRATION OF TERRESTRIAL LASER SCANNING DATA USING PLANAR PATCHES AND IMAGE DATA[J]. The International Archives of the Photogrammetry, Remote Sensing and Spatial Information Sciences, 36(5): 78 – 83.

Doneus M, Briese C, 2006. Full-waveform airborne laser scanning as a tool for archaeological reconnaissance[J]. BAR International Series, 1568: 99 – 106.

Dowman I, 2004. Integration of LiDAR and IFSAR for Mapping[J]. The International Archives of the Photogrammetry, Remote Sensing and Spatial Information Sciences, 35 (B2): 90 – 100.

Elberink S O, Maas H, 2000. The use of anisotropic height texture measures for the segmentation of airborne laser scanner data[J]. The International Archives of the Photogrammetry, Remote Sensing and Spatial Information Sciences, 33(B3/2): 678 – 684.

Elmqvist M, 2002. Ground surface estimation from airborne laser scanner data using active shape models[J]. The International Archives of the Photogrammetry, Remote Sensing and Spatial Information Sciences, 34(Part 3 A+B): 114 – 118.

Favalli M, Fornaciai A, Pareschi M T, 2009. LIDAR strip adjustment: Application to volcanic areas[J]. Geomorphology, 111(3): 123 – 135.

Filin S, Pfeifer N, 2006. Segmentation of airborne laser scanning data using a slope adaptive neighborhood[J]. ISPRS journal of Photogrammetry and Remote Sensing, 60(2): 71 – 80.

Filin S, Vosselman G, 2004. Adjustment of Airborne Laser Altimetry Strips[J]. The International Archives of the Photogrammetry, Remote Sensing and Spatial Information Sciences, 35(B3): 285 – 289.

Filin S, 2004. Surface classification from airborne laser scanning data[J]. Computers & Geosciences, 30(9-10): 1033-1041.

Forlania G, Nardinocchi C, 2007. ADAPTIVE FILTERING OF AERIAL LASER SCANNING DATA[J]. The International Archives of the Photogrammetry, Remote Sensing and Spatial Information Sciences, 36(3/W52): 130 – 135.

Gao Y, Mas J F, Maathuis B H P, 2006. Comparision of pixel-based and object-oriented image classification approaches-a case study in a coal fire area, Wuda, Inner Mongolia, China [J]. International Journal of Remote Sensing, 27(18): 4039 – 4055.

Ghanma M, 2006. Integration of Photogrammetry and LIDAR[D]: [Ph.D.]. Calgary, Alberta, Canada: University of Calgary.

Haala N, Anders K, 1997. Acquisition of 3D urban models by analysis of aerial images, digital surface models, and existing 2D building information[C]. International Society for Optics and Photonics, 212 – 222.

Habib A, Aldelgawya M, 2008. Alternative procedures for the incorporation of LiDAR-derived linear and areal features for photogrammetric geo-referencing[J]. The International Archives of the Photogrammetry, Remote Sensing and Spatial Information Sciences, 37 (B1): 219 – 225.

Habib A, Bang K, Shin S, et al, 2007. Lidar System Self-calibration Using Planar Patches From Photogrammetric Data[J]. The International Archives of the Photogrammetry, Remote Sensing and Spatial Information Sciences, 36(5/C55): 1 – 8.

Habib A, Ghanma M, Mitishita E, 2004. CO-REGISTRATION OF PHOTOGRAMMETRIC AND LIDAR DATA: METHODOLOGY AND CASE STUDY[J]. Revista Brasileira de Cartografia, 56(1): 1 – 13.

Han W, Zhao S, Feng X, et al, 2014. Extraction of multilayer vegetation coverage using airborne LiDAR discrete points with intensity information in urban areas: A case study in Nanjing City, China[J]. International Journal of Applied Earth Observation and Geoinformation, 30: 56 – 64.

Hay G J, Castilla G, Wulder M A, et al, 2005. An automated object-based approach for the multiscale image segmentation of forest scenes[J]. International Journal of Applied Earth Observation and Geoinformation, 7(4): 339 – 359.

Henn A, Gröger G, Stroh V, et al, 2013. Model driven reconstruction of roofs from sparse

LIDAR point clouds[J]. ISPRS Journal of photogrammetry and remote sensing, 76: 17 – 29.

Hofmann P, 2001. Detecting informal settlements from IKONOS data using methods of object oriented image analysis-an example from Cape Town (South Africa)[C]// Jurgens C. Remote Sensing of Urban Areas/Fernerkundung in urbanen Raumen, Regensburg. 1 – 7.

Hu J, 2007. Integrating complementary information for photorealistic representation of large-scale environments[D]. Los Angeles: University of Southern California.

Huang J, Meng C, 2001. Automatic data segmentation for geometric feature extraction from unorganized 3-D coordinate points[J]. Robotics and Automation, IEEE Transactions on, 17(3): 268 – 279.

Im J, Jensen J R, Hodgson M E, 2008. Object-based land cover classification using high-posting-density LiDAR data[J]. GIScience & Remote Sensing, 45(2): 209 – 228.

Jacobsen K, Lohmann P, 2003. Segmented filtering of laser scanner DSMs[J]. The International Archives of the Photogrammetry, Remote Sensing and Spatial Information Sciences, 34(3/W13): 110 – 115.

Jensen J R, 2007. Remote sensing of environment: an earth resource perspective[M]. 2nd ed. Upper Saddle River: Prentice Hall.

KADA M, 2011. Aggregation of 3D buildings using a hybrid data approach[J]. Cartography and Geographic Information Science, 38(2):153 – 160.

Kilian J, Haala N, Englich M, 1996. Capture and evaluation of airborne laser scanner data [J]. The International Archives of the Photogrammetry, Remote Sensing and Spatial Information Sciences, 31(B3): 383 – 388.

Kraus K, Pfeifer N, 1998. Determination of terrain models in wooded areas with airborne laser scanner data[J]. ISPRS Journal of Photogrammetry and remote Sensing, 53(4): 193 – 203.

Kraus K, Pfeifer N, 2001. Advanced DTM generation from LIDAR data[J]. The International Archives of the Photogrammetry, Remote Sensing and Spatial Information Sciences, 34(3/W4): 23 – 30.

Krzystek P, 2003. FILTERING OF LASER SCANNING DATA IN FOREST AREAS USING FINITE ELEMENTS[J]. The International Archives of the Photogrammetry, Remote Sensing and Spatial Information Sciences, 34(3/W13): 1 – 6.

Latypov D, 2002. Estimating relative lidar accuracy information from overlapping flight lines [J]. ISPRS Journal of Photogrammetry and Remote Sensing, 56(4): 236 – 245.

Lee H S, Younan N H, 2003. DTM extraction of LiDAR returns via adaptive processing[J]. IEEE Transactions on Geoscience and Remote Sensing, 41(9): 2063 – 2069.

Leslar M, Wang J, Hu B, 2011. Comprehensive Utilization of Temporal and Spatial Domain Outlier Detection Methods for Mobile Terrestrial LiDAR Data[J]. Remote Sensing, 3 (12): 1724 - 1742.

Lim K P, Treitz M, Wulder B, et al, 2003. LiDAR remote sensing of forest structure[J]. Progress in Physical Geography, 27(1): 88.

Lindenberger J, 1993. Laser-Profilmessungen zur topographischen Gelaedeaufnahme[D]: [Ph.D.]. Munich: Deutsche Geodaetische Kommission.

Lodha S K, Kreps E J, Helmbold D P, et al, 2006. Aerial LiDAR Data Classification Using Support Vector Machines (SVM)[C]// Proceedings of the Third International Symposium on 3D Data Processing, Visualization, and Transmission (3DPVT'06). IEEE, 567 - 574.

Lohani B, 2009. Airborne Altimetric LiDAR: Principle, Data Collection, Processing and Applications[D]. Kharagpur: Indian Institute of Technology.

Lu D, Weng Q, 2007. A survey of image classification methods and techniques for improving classification performance[J]. International Journal of Remote Sensing, 28(5): 823 - 870.

Ma R, 2004. Building model reconstruction from Lidar data and aerial photograhs[D]. Columbus: The Ohio State University.

Maas H, 1999. The potential of height texture measures for the segmentation of airborne laserscanner data[C]// the Fourth International Airborne Remote Sensing Conference and Exhibition / 21st Canadian Symposium on Remote Sensing, Ottawa, Ontario, Canada. 154 - 161.

MAO B, BAN Y, HARRIE L, 2011. A multiple representation data structure for dynamic visualisation of generalised 3D city models[J]. ISPRS Journal of Photogrammetry and Remote Sensing, 66(2):198 - 208.

Mao J, Zeng Q, Liu X, et al, 2008. Filtering LIDAR Points by Fusion of Intensity Measures and Aerial Images[J]. The International Archives of the Photogrammetry, Remote Sensing and Spatial Information Sciences, 37(B3b): 25 - 32.

Mao J, 2012. Noise reduction for lidar returns using local threshold wavelet analysis[J]. Optical and Quantum Electronics, 43(1-5): 59 - 68.

Matikainen L, Kaartinen H, Hyyppä J, 2007. CLASSIFICATION TREE BASED BUILDING DETECTION FROM LASER SCANNER AND AERIAL IMAGE DATA[J]. The International Archives of the Photogrammetry, Remote Sensing and Spatial Information Sciences, 36(3/W52): 280 - 287.

Meng X, Wang L, Silván-Cárdenas J L, et al, 2009. A multi-directional ground filtering algorithm for airborne LIDAR[J]. ISPRS Journal of Photogrammetry and Remote Sensing,

64(1): 117 - 124.

Michael G, 1999. Quadric-Based Polygonal Surface Simplification[D]: [Ph.D.]. Pittsburgh, Pennsylvania, USA: Carnegie Mellon University.

Mitishita E, Habib A, Centeno J, et al, 2008. Photogrammetric and lidar data integration using the centroid of a rectangular roof as a control point[J]. The Photogrammetric Record, 23(121): 19 - 35.

Morgan M, Tempfli K, 2000. AUTOMATIC BUILDING EXTRACTION FROM AIRBORNE LASER SCANNING DATA[J]. The International Archives of the Photogrammetry, Remote Sensing and Spatial Information Sciences, 33(B3): 616 - 623.

Mount D M, Arya S, 2010. ANN: A Library for Approximate Nearest Neighbor Searching [EB/OL]. (2010-01-28)[2014-10-02]. http://www.cs.umd.edu/~mount/ANN/.

Nardinocchi C, Forlani G, Zingaretti P, 2003. CLASSIFICATION AND FILTERING OF LASER DATA[J]. The International Archives of the Photogrammetry, Remote Sensing and Spatial Information Sciences, 34(3/W13): 1 - 8.

Niemeyer J, Rottensteiner F, Soergel U, 2014. Contextual classification of lidar data and building object detection in urban areas[J]. ISPRS journal of photogrammetry and remote sensing, 87: 152 - 165.

Nurunnabi A, West G, Belton D, 2013. Robust outlier detection and saliency features estimation in point cloud data[C]// Proceedings-2013 International Conference on Computer and Robot Vision(CRV 2013), Regina, SK, Canada. IEEE Computer Society, 98 - 105.

Palenichka R M, Zaremba M B, 2010. Automatic extraction of control points for the registration of optical satellite and LiDAR images[J]. IEEE Transactions on Geoscience and Remote Sensing, 48(7): 2864 - 2879.

Pauly M, Gross M, Kobbelt L P, 2002. Efficient simplification of point-sampled surfaces [C]// Proceedings of the conference on Visualization '02 (VIS '02). IEEE Computer Society, Washington, DC, USA, 163 - 170.

Petzold B, Reiss P, Stossel W, 1999. Laser scanning-surveying and mapping agencies are using a new technique for the derivation of digital terrain models[J]. ISPRS Journal of Photogrammetry and remote Sensing, 54(2): 95 - 104.

Pfeifer N, Stadler P, Briese C, 2001. DERIVATION OF DIGITAL TERRAIN MODELS IN THE SCOP++ ENVIRONMENT[C]// Torlegard K. Proceedings of OEEPE Workshop on Airborne Laserscanning andInterferometric SAR for Digital Elevation Models, Stockholm, Sweden. Official Publication OEEPE no. 40, 13.

Raber G T, Jensen J R, Schill S R, et al, 2002. Creation of digital terrain models using an adaptive lidar vegetation point removal process[J]. Photogrammetric Engineering & Remote Sensing, 68(12): 1307 – 1315.

Reddy T S, Reddy G R, Varadajan S, 2009. Noise reduction in LIDAR signal using wavelets [J]. International Journal of Engineering and Technology, 2(1): 21 – 28.

REGNAULD N. 2001. Contextual building typification in automated map generalization[J]. Algorithmica, 30(2):312 – 333.

Roggero M, 2001. AIRBORNE LASER SCANNING: CLUSTERING IN RAW DATA[J]. The International Archives of the Photogrammetry, Remote Sensing and Spatial Information Sciences, 34(3/W4): 227 – 232.

Roggero M, 2002. Object Segmentation with Region Growing and Principal Component Analysis[J]. The International Archives of the Photogrammetry, Remote Sensing and Spatial Information Sciences, 34(Part 3 A+B): 289 – 294.

Rottensteiner F, Briese C, 2002. A New Method for Building Extraction in Urban Areas from High-resolution LIDAR Data[J]. International Archives of Photogrammetry Remote Sensing and Spatial Information Sciences, 34(3/A): 295 – 301.

Rottensteiner F, Briese C, 2003. Automatic generation of building models from LiDAR data and the integration of aerial images[J]. IAPRSIS, XXXIV(3/W13): 174 – 180.

Rottensteiner F, Sohn G, Gerke M, et al, 2014. Results of the ISPRS benchmark on urban object detection and 3D building reconstruction[J]. ISPRS Journal of Photogrammetry and Remote Sensing, 93: 256 – 271.

Rottensteiner F, Trinder J, Clode S, et al, 2004. Fusing airborne laser scanner data and aerial imagery for the automatic extraction of buildings in densely built-up areas[C]. ISPRS, 512 – 517.

Rottensteiner F, Trinder J, Clode S, et al, 2005. Using the Dempster-Shafer method for the fusion of LIDAR data and multi-spectral images for building detection[J]. Information Fusion, 6(4): 283 – 300.

Rottensteiner F, Trinder J, Clode S, et al, 2007. Building detection by fusion of airborne laser scanner data and multi-spectral images: Performance evaluation and sensitivity analysis [J]. ISPRS Journal of Photogrammetry and Remote Sensing, 62(2): 135 – 149.

Rottensteiner F, 2003. Automatic generation of high-quality building models from lidar data [J]. Computer Graphics and Applications, IEEE, 23(6): 42 – 50.

Ruvimbo G, Philippe D M, Morgan D D, 2006. PRECISON CHANGE DETECTION: BASED ON KNOWLEDGE-BASED AND OBJECT-ORIENTED SATELLITE IMAGE ANALYSIS IN CENTRAL ZIMBABWE[C]// ASPRS 2006 Annual Conference.

Sande V D, 2001. River flood damage assessment using IKONOS imagery, natural hazards project-floods[C]// Space Applications Institute, Joint Research Centre, European Commission, Ispra. 34 – 41.

Satari M, Samadzadegan F, Azizi A, et al, 2012. A Multi-Resolution Hybrid Approach for Building Model Reconstruction from Lidar Data[J]. The Photogrammetric Record, 27 (139): 330 – 359.

Schiewe J, 2003. Integration of multi-sensor data for landscape modeling using a region-based approach[J]. ISPRS journal of photogrammetry and remote sensing, 57(5): 371 – 379.

Schwalbe E, Maas H, Seidel F. 2005. 3D building model generation from airborne laserscanner data using 2D GIS data and orthogonal point cloud projections[J]. The International Archives of the Photogrammetry, Remote Sensing and Spatial Information Sciences, 36 (3/W19): 209 – 214.

Secord J, Zakhor A, 2007. Tree Detection in Urban Regions Using Aerial Lidar and Image Data[J]. IEEE Geoscience and Remote Sensing Letters, 4(2): 196 – 200.

Shan J, Sampath A, 2005. Urban DEM Generation from Raw Lidar Data: A Labeling Algorithm and its Performance[J]. Photogrammetric Engineering & Remote Sensing, 71(2): 217 – 226.

Shan J, Toth C K, 2008. Topographic Laser Ranging and Scanning: Principles and Processing[M]. Boca Raton: CRC Press.

Sithole G, Vosselman G, 2003a. Report: ISPRS comparison of filters[C]. ISPRS commission III, working group 3, Dresden, Germany.

Sithole G, Vosselman G, 2003b. Comparison of filtering algorithms[J]. The International Archives of the Photogrammetry, Remote Sensing and Spatial Information Sciences, 34 (3/W13): 71 – 78.

Sithole G, Vosselman G, 2005. Filtering of airborne laser scanner data based on segmented point clouds[J]. The International Archives of the Photogrammetry, Remote Sensing and Spatial Information Sciences, 36(3/W19): 66 – 71.

Sithole G, 2001. Filtering of Laser Altimetry Data Using a Slope Adaptive Filter[J]. The International Archives of the Photogrammetry, Remote Sensing and Spatial Information Sciences, 34(3/W4): 203 – 210.

Sithole G, 2002. FILTERING STRATEGY: WORKING TOWARDS RELIABILITY[J]. The International Archives of the Photogrammetry, Remote Sensing and Spatial Information Sciences, 34(part 3 A+B): 330 – 335.

Sithole G, 2005. Segmentation and Classification of Airborne Laser Scanner Data[D]: [Ph.

D.]. Netherlands: Delft University.

Skaloud J, Lichti D, 2006. Rigorous approach to bore-sight self-calibration in airborne laser scanning[J]. ISPRS Journal of Photogrammetry and Remote Sensing, 61(1): 47 – 59.

Sohn G, Dowman I J, 2002. Terrain Surface Reconstruction by the Use of Tetrahedron Model with the MDL Criterion[J]. The International Archives of the Photogrammetry, Remote Sensing and Spatial Information Sciences, 34(Part 3 A+B): 336 – 344.

Sohn G, Dowman I, 2002. Terrain Surface Reconstruction by the Use of Tetrahedron Model with the MDL Criterion[J]. The International Archives of the Photogrammetry, Remote Sensing and Spatial Information Sciences, 34(3/A): 336 – 344.

Sohn G, Dowman I, 2007. Data fusion of high-resolution satellite imagery and LiDAR data for automatic building extraction[J]. ISPRS Journal of Photogrammetry and Remote Sensing, 62(1): 43 – 63.

Sohn G, Jung J, Jwa Y, et al, 2013. Sequential modeling of building rooftops by integrating airborne LiDAR data and optical imagery: Preliminary results[J]. Proceedings of VCM.

Sotoodeh S, 2007. Hierarchical clustered outlier detection in laser scanner point clouds[J]. The International Archives of the Photogrammetry, Remote Sensing and Spatial Information Sciences, 36(3): 383 – 387.

Sun S, Salvaggio C, 2013. Aerial 3D building detection and modeling from airborne LiDAR point clouds[J]. IEEE Journal of Selected Topics in Applied Earth Observations and Remote Sensing, 6(3): 1440 – 1449.

Tansey K, Chambers I, Anstee A, et al, 2009. Object-oriented classification of very high resolution airborne imagery for the extraction of hedgerows and field margin cover in agricultural areas[J]. Applied Geography, 29: 145 – 157.

Tian P, Cao X, Liang J, et al, 2014. Improved empirical mode decomposition based denoising method for lidar signals[J]. Optics Communications, 325: 54 – 59.

Tóvári D, Pfeifer N, 2005. Segmentation based robust interpolation-a new approach to laser data filtering[J]. The International Archives of the Photogrammetry, Remote Sensing and Spatial Information Sciences, 36(3/W19): 79 – 84.

Vosselman G, Maas H, 2001. Adjustment and filtering of raw laser altimetry data[C]// Torlegard K. Proceedings of OEEPE workshop on airborne laser scanning and interferometric SAR for detailed digital elevation models. Official Publication OEEPE no. 40, 11.

Vosselman G, 2000. Slope based filtering of laser altimetry data[J]. The International Archives of the Photogrammetry, Remote Sensing and Spatial Information Sciences, 33(B3/2): 935 – 942.

Vu T T, Tokunaga M, 2001. Wavelet and scale-space theory in segmentation of airborne laser scanner data[J]. Canadian Journal of Remote Sensing, 29(6): 783 – 791.

Weidner U, Forstner W, 1995. Towards automatic building extraction from high-resolution digital elevation models[J]. ISPRS Journal of Photogrammetry and Remote Sensing, 50 (4): 38 – 49.

Willhauck G, Benz U, Siegert F, 2002. Semiautomatic classification procedures for fire monitoring using multitemporal SAR images and NOAA-AVHRR Hotspot data[C]// Proceedings of the 4th European Conference on Synthetic Aperture Radar. 1 – 4.

Willhauck G, 2000. Comparison of Object Oriented Classification Techniques and Standard Image Analysis for the use of Change Detection between SPOT Multispectral Satellite Images and Aerial Photos[J]. The International Archives of the Photogrammetry, Remote Sensing and Spatial Information Sciences, 33(B3): 1 – 8.

Yang L, Zhang L, Ma J, et al, 2011. Interactive visualization of multi- resolution urban building models considering spatial cognition[J]. International Journal of Geographical Information Science, 25(1):5 – 24.

Zhang K, Chen S, Whitman D, et al, 2003. A Progressive Morphological Filter for Removing Nonground Measurements From Airborne LIDAR Data[J]. IEEE TRANSACTIONS ON GEOSCIENCE AND REMOTE SENSING, 41(4): 872 – 882.

Zhang L, Deng H, Chen D, et al, 2012. A spatial cognition based urban building clustering approach and its applications[J]. International Journal of Geographical Information Science, 27(4):721 – 740.

Zhang M, Zhang L, Mathiopoulos P T, et al, 2012. A geometry and texture coupled flexible generalization of urban building models[J]. ISPRS Journal of Photogrammetry and Remote Sensing, 70(6):1 – 14.

Zhao J, Zhu Q, Du Z, et al, 2012. Mathematical morphology based generalization of complex 3D building models incorporating semantic relationships[J]. ISPRS Journal of Photogrammetry and Remote Sensing, 68:95 – 111.

附录　书中部分图彩色图样

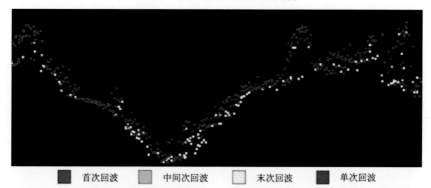

| ■ 首次回波 | ■ 中间次回波 | □ 末次回波 | ■ 单次回波 |

图 3-3　植被区域单次回波与多次回波分色显示图

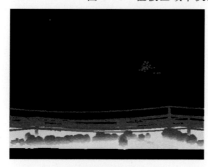
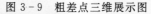

（a）极高粗差点　　　　　　　　　（b)极低粗差点

图 3-9　粗差点三维展示图

（a)桥梁　　　　　　　　　（b)复杂的建筑物

图 3-11　附着地物展示图

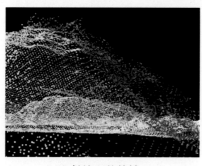

（a)斜坡上的植被　　　　　　　　　（b)低矮植被

图 3-12　附着地物展示图

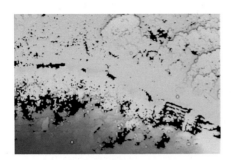 

(a)断崖、陡坎 (b)陡峭的山脊

图 3-13 不连续的地表

(a)原始点云数据 (b)点云光谱合成数据

图 3-16 点云光谱合成对比图

(a)原始影像数据 (b)滤波前点云

 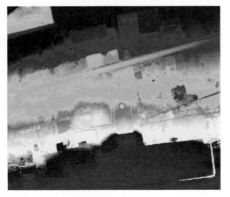

(c)滤波后地面点云 (d)滤波后的 DEM

图 3-19 数据—滤波前后对比图

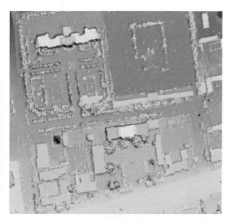

(a)滤波前的点云数据　　　　　　　　　(b)滤波前的 DSM

(c)滤波后的点云数据　　　　　　　　　(d)滤波后的 DEM

图 3-20　数据一局部点云滤波效果的定性评价

(a)原始影像数据　　　　　　　　　　(b)滤波前点云

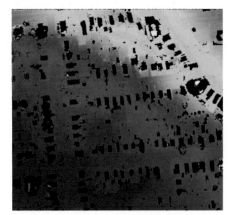

(c)TIN 方法滤波后地面点云   (d)本章方法滤波后地面点云

图 3-21　数据二滤波前后对比图

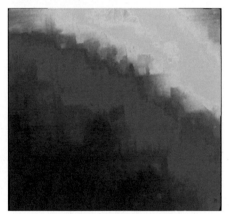

(a)TIN 方法滤波的 DEM   (b)本章方法滤波的 DEM

图 3-22　数据二用两种方法滤波后的 DEM 对比图

图 3-30　数据三八叉树空间划分

图 3-31　数据四八叉树空间划分

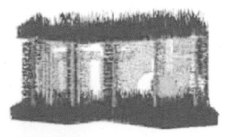

图 3 - 32　数据三点云法矢量提取

图 3 - 33　数据三规则点集的分割

图 3 - 34　数据三规则点集提取后的效果

图 3 - 35　数据四规则点集的分割

图 3-36　数据四规则点云提取后的效果

（a）原始点云数据对应的影像　　　　　　（b）NH 特征值

图 4-6　NH 特征值的提取

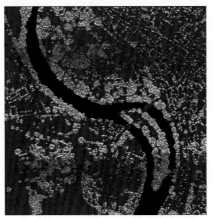

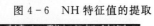

单次回波
首次回波
中间次回波
末次回波

图 4-8　多重回波特征图

（a）数据五原始影像

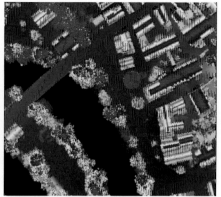
（b）数据五原始点云

图 4 - 12　实验数据五的原始影像和原始点云

■ 建筑物 [452个样本]
□ 树木 [336个样本]
□ 草地 [188个样本]
□ 道路 [326个样本]
■ 裸地 [118个样本]

图 4 - 13　数据五的训练样本

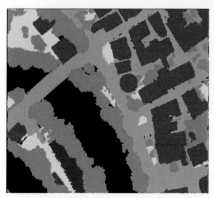
（a）数据五点云分类结果二维图

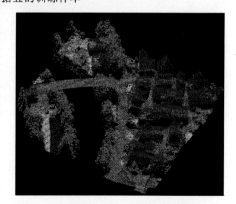
（b）数据五点云分类结果三维图

建筑物　　　道路　　　树木　　　草地　　　裸地

图 4 - 15　数据五的特征加权 RBF-SVM 分类结果

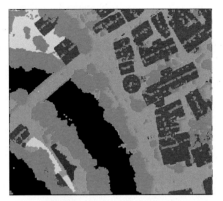 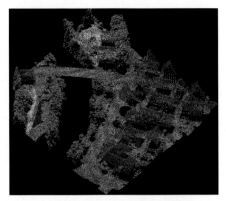

(a)数据五点云分类结果二维图　　　　　(b)数据五点云分类结果三维图

建筑物　　　　道路　　　　树木　　　　草地　　　　裸地

图 4-16　数据五的传统 RBF-SVM 分类结果

(a)数据六原始影像　　　　　　　　　　(b)数据六原始点云

图 4-24　实验数据六的原始影像和原始点云

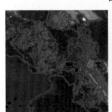 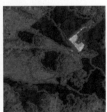  

(1)树木　　　　(2)草地　　　　(3)裸地　　　　(4)阴影

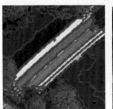  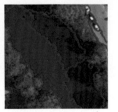

(5)道路　　　　(6)建筑物　　　　(7)水体

图 4-26　多尺度影像对象示意图

（a）最大似然法的分类结果　　　　　　（b）本章面向对象方法的分类结果

建筑物　　道路　　树木　　草地　　裸地　　水体　　阴影

图 4 - 27　数据六分类结果

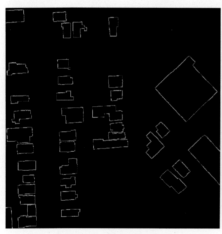 

（a）闭合精化后的建筑物轮廓　　　　（b）提取的建筑物轮廓与原始影像对比

图 4 - 28　建筑物轮廓提取精确度对比图

图 5-2 由自动提取边生成的 TIN

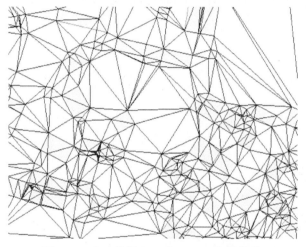

图 5-8 实验数据七:Delaunay 三角网构建